旱区造林绿化
技术指南

国家林业和草原局造林绿化管理司 ■ 编著

中国林业出版社

《旱区造林绿化技术指南》编委会

主　任：王祝雄

副主任：赵良平　张煜星　许传德　蔡宝军　刘凤庭　张云龙　东淑华
　　　　武兰义　孙亚强　陶　金　辛福智　师永全　包建华　付　军
　　　　索朗旺堆　王建阳　张　平　李若凡　平学智　乌拉孜别克·索力坦

委　员：王恩苓　王军厚　孙　涛　牛　牧　张启生　张书桐　刘增光
　　　　郝永富　李利国　高玉林　于德胜　孙玉刚　赵　蔚　蒋大勇
　　　　胡志林　徐艺文　翟　佳　苏　卫　马广金　徐　忠　朱伯江

主　编：赵良平

副主编：王军厚　孙　涛　王恩苓

编　委：（以姓氏笔画为序）
　　　　丁乾平　于斌成　王　力　王兴华　王军厚　王国胜　王恩苓
　　　　王福森　牛　牧　尹　华　孔祥吉　古　琳　付安民　边巴多吉
　　　　朱玉亮　任鸿昌　刘　凯　刘旭升　刘俊祥　刘胜祥　闫蓬勃
　　　　安雄韬　孙　涛　苏亚红　李　文　李　宏　李　辉　李　锋
　　　　李天楚　李天福　李永生　李喜臣　李愿会　杨　春　杨　锋
　　　　杨玉金　余刘珊　张文娟　张伏全　张仲举　张连翔　陈京弘
　　　　陈俊华　武健伟　赵　宇　赵良平　赵学军　侯秀瑞　昝国盛
　　　　高建平　曹昌楷　龚怀勋　阎海平　普布次仁　谢继全　路秋玲
　　　　满守刚　裴玉亮　廖雅萍　樊彦新

前　言

FOREWORD

　　我国旱区分布在东北西部、华北和西北大部分地区，地域跨度大，分布范围广，自然条件恶劣，生态状况脆弱，生态区位十分重要，是我国生态建设的重要地区。我国宜林荒山荒地的67%分布在旱区，在当前推进生态文明建设、全面建成小康社会、建设美丽中国的总体要求下，开展大规模国土绿化行动，旱区将成为我国造林绿化的主要地区，也是实现"十三五"末森林覆盖率提高到23.04%目标的潜力所在。加快旱区造林绿化是国家林业和草原局根据我国林业生态建设新形势作出的重要战略部署，关系到国土生态安全和我国旱区经济社会的可持续发展。

　　随着林业生态建设的深入推进，旱区剩余的宜林地立地条件越来越差，对造林方式、技术要求更高，造林工作难度越来越大。推进旱区造林绿化，必须尊重自然规律和经济社会发展规律，把水资源的承载能力放在首位，合理利用水资源，应用先进技术，科学推进旱区造林，提升旱区林业生态建设成效。国家林业和草原局造林绿化管理司组织国家林业和草原局调查规划设计院编制了《旱区造林绿化技术指南》（以下简称《指南》），根据我国旱区水、热等自然条件，科学划分区域和类型，采用多因素综合指标法，对旱区进行造林类型区划和评价，并通过总结旱区造林绿化的成功经验、技术措施，对整个旱区不同的造林类型区和造林类型亚区提出了造林绿化原则和技术方法，做到宏观有调控，微观有指导，适用于我国旱区造林绿化管理、科研、教学等工作，为旱区科学造林提供了技术支撑。

在《指南》的编写过程中，旱区各省（自治区、直辖市）林业厅（局）和新疆生产建设兵团林业局，各有关林业科研、勘察设计等单位，提供了宝贵资料，给予了大力的协助和支持。在此，特致谢忱。

国家林业和草原局造林绿化管理司
2018 年 4 月

目　录

C O N T E N T S

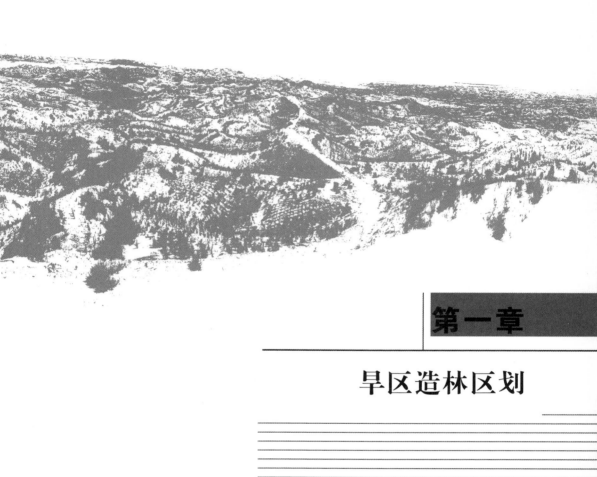

第一章

旱区造林区划

第一节 旱区划分

一、划分标准

本《指南》所称旱区是指包括极干旱、干旱和半干旱气候区在内的区域。气候区依据国家气候中心利用我国 2400 个气象站，最近 30 年（1981—2011 年）的逐日降水量、平均气温、最高气温、最低气温、相对湿度、风速和日照时数等气象资料计算出的干燥度指数而划分，干燥度指数大于 1.5 的区域为旱区。

干燥度指数采用如下方法计算：

$$AI = PET/P$$

式中：AI 为干燥度；PET 为采用 FAO Penman-Monteith 方法计算的潜在蒸散量；P 为降水量。

气候区与干燥度指数的关系见表 1-1。

表 1-1　气候区与干燥度指数划分标准

气候区	干燥度指数（AI）
极湿润	$AI \leqslant 0.5$
湿润	$0.5 < AI \leqslant 1.0$
亚湿润	$1.0 < AI \leqslant 1.5$
半干旱	$1.5 < AI \leqslant 3.5$
干旱	$3.5 < AI \leqslant 20$
极干旱	$AI > 20$

二、旱区分布

旱区分布在我国东北西部、华北和西北大部分地区，自东北向西南走向的分界线大致东起海拉尔、齐齐哈尔，经燕山、太行山、陕北、甘宁南部，至青藏高原中西部。另外还包括华北平原的河北中南部、鲁豫北部以及川西北与云南交界的部分地区，总面积452.6万km²，占国土总面积的47.1%。涉及北京、天津、河北、山西、内蒙古、辽宁、吉林、黑龙江、山东、河南、四川、云南、西藏、陕西、甘肃、宁夏、青海、新疆18个省（自治区、直辖市）的700多个县级单位。由于气象资料所限，其他未纳入旱区范围的区域，可参照本《指南》指导造林绿化工作。

第二节　旱区基本情况

一、气　候

旱区多呈现明显的大陆性气候，区域内差异明显。降水量从东南向西北递减，东部局部区域可达500~600mm；西部塔里木盆地、阿拉善高原是全国的干旱中心，局地降水不足10mm，且降水年内分配不均，年际变化大，长时间干旱与暴雨交替发生。蒸发量大，光热资源丰富，全年日照时数2500~3000h，无霜期90~300d，≥10℃积温1700~5000℃。气温年变化和日变化均很大，夏秋季午间地面温度可达50~60℃（赵松乔，1983）。

二、地　貌

高原、内陆盆地及山地构成了旱区的基本地貌格局，东北西部的松辽平原和华北平原也是旱区的组成部分。整个旱区地面相对平坦，部分地域则上升幅度很大，形成了环绕盆地或横亘高原的中、高山。在干旱气候条件下，风化、物质移动、流水侵蚀和风力吹蚀及堆积，使得地面组成物质粗瘠，沙漠、沙地、砾石戈壁、黄土和山地广泛分布。

三、土　壤

受地形、气候、母质、植被及人类活动影响，旱区土壤在空间上存在较大差异，但普遍土壤发育不良，有机质和水分含量低，盐分含量高，土层薄，质地粗，土壤表层常有钙积层和石膏层，非地带性风沙土占比很大，肥力较高的土质平地多为农用地。

四、植　被

　　旱区主要分布草原和荒漠植物，植被水平地带性和垂直地带性明显，由半干旱到极干旱区域，植被类型依次为草甸草原、干草原、荒漠草原和荒漠。贺兰山以西，干燥度 >4.0 的广大地区，荒漠植被占绝对优势，植被稀疏矮小，种类不多，结构简单，主要为旱生、超旱生灌木和半灌木，河谷绿洲有天然阔叶林分布。贺兰山与盐池 - 鄂托克旗 - 百灵庙 - 温都尔庙一线之间，干燥度为 2.0 ~ 4.0，主要由旱生的禾草（*Thegramineae* spp.）和灌木组成，中山地带有针阔叶混交林分布；该线以东，干燥度为 1.5 ~ 2.0，主要分布草原，山地森林资源丰富，沙地分布有耐旱的乔木疏林和灌木林。

五、林地资源

　　旱区林地总面积 62.44 万 km²，占旱区总面积的 13.36%。区域内森林资源总量不足，分布不均，覆盖率仅 6.8%，不足全国平均覆盖率的三分之一。林地中宜林荒山荒沙地面积大，有林地面积小；灌木林面积大，乔木林面积小。

　　林地中有林地 11.59 万 km²，占林地面积的 18.56%；灌木林地 21.54 万 km²，占林地面积的 34.50%；疏林地 0.85 万 km²，占林地面积的 1.35%；未成林地 1.98 万 km²，占林地面积的 3.17%；苗圃地 0.13 万 km²，占林地面积的 0.21%；无立木林地 4.07 万 km²，占林地面积的 6.51%；宜林荒山荒沙地 22.12 万 km²，占林地面积的 35.45%；林业辅助用地 0.16 万 km²，占林地面积的 0.25%。

六、水资源

　　水资源缺乏，总量不足，分布不均，过度开发是旱区水资源的显著特征。旱区多年平均水资源量为 $223.1 \times 10^8 \ m^3$，平均 $86.42 m^3/hm^2$，人均约为 $3088 m^3$，远远低于全国平均数（$28.62 \times 10^4 \ m^3$）（陶希东等，2001）。区域内除黄河、西辽河、额尔齐斯河等少数河流外，均属内陆河流，径流补给依赖四周山岭的冰川融水和降雨，远离河流区域地表水资源匮乏。区域内湖泊众多，主要分布在青藏高原，以咸水为主。地下水资源地区差异大，开采不均，一般是山麓地带以及较大河流沿岸储量丰富，水质较好，其他大部分地区地下水贫乏，水质较差。水资源供需矛盾大、浪费严重是当前旱区水资源利用面临的主要问题。

第三节　旱区造林区划

根据旱区水热条件、地貌和土壤等特点，并依据生态建设对象、尺度和目标，以"尊重自然、顺应自然、利用自然、分区施策"为总原则，采用三级区划体系对我国旱区进行造林区划：一级区（造林类型区）为气候格局区；二级区（造林类型亚区）为区域调控区；三级区（造林类型小区）为技术服务区。

一、一级区（造林类型区）划分

一级区（造林类型区）依据气候干旱状况，以干燥度指数作为一级类型区划分的主导因子，并辅以降水量因子加以修正，同时综合考虑空间完整性和连续性进行造林类型区划分。旱区气候分布总体格局，是制定旱区造林工作战略部署、顶层设计的重要依据。区间反映旱区气候干旱程度明显差异特征，区内反映气候干旱程度相对一致。将旱区划分为3个类型区（一级区），即半干旱造林区、干旱造林区和极干旱造林区。一级区（造林类型区）划分指标及标准见表1-2，划分结果见附图。

表1-2　一级区（造林类型区）划分指标及标准

造林类型区	干燥度指数	年降水量（mm）
半干旱造林区	$1.5 < AI \leqslant 3.5$	$250 \sim 500$
干旱造林区	$3.5 < AI \leqslant 20$	$100 \sim 250$
极干旱造林区	$AI > 20$	< 100

二、二级区（造林类型亚区）划分

二级区（造林类型亚区）是依据气候冷暖差异，以日均气温≥10℃的天数为主要参照指标，1月平均气温和7月平均气温为辅助指标，以温度带对一级区进一步细划。二级区区间冷暖程度差异明显，区内冷暖程度相对一致。二级区反映了旱区区域气候特征与生态建设措施相对一致性和区间最大差异性，是作为确定区域生态修复布局，协调跨流域、跨省区重大生态建设的调控单元。温度带划分指标及标准见表1-3（郑度，1989）。

表 1-3   温度带划分指标及标准

温度带	≥10℃的天数	1 月平均气温	7 月平均气温
寒温带	<100	<−30	<16
中温带	100~170	−30~−12	16~24
暖温带	171~220	−12~0	>24
北亚热带	221~240	0~4	>24
中亚热带	241~285	4~10	>24
南亚热带	286~365	10~15	>24
边缘热带	365	15~18	>24
中热带	365	18~24	>24
赤道热带	365	>24	>24
高原亚寒带	<50	−18~−10	<12
高原温带	50~180	−10~0	12~18

按照二级区划标准和方法，将旱区划分为 11 个造林亚区。划分结果详见表 1-4 和附图。

表 1-4   二级区（造林类型亚区）划分结果

类型区（一级区划）	类型亚区（二级区划）	涉及省（自治区、直辖市）
半干旱造林区	半干旱暖温带造林亚区	北京、天津、河北、山西、内蒙古、河南、山东、陕西、甘肃、青海、宁夏
	半干旱中温带造林亚区	河北、山西、内蒙古、辽宁、吉林、黑龙江、陕西、宁夏、新疆
	半干旱高原温带造林亚区	四川、云南、甘肃、青海、西藏
	半干旱高原亚寒带造林亚区	青海、西藏
干旱造林区	干旱暖温带造林亚区	新疆
	干旱中温带造林亚区	内蒙古、甘肃、宁夏、新疆
	干旱高原温带造林亚区	甘肃、青海、西藏、新疆
	干旱高原亚寒带造林亚区	青海、西藏、新疆

（续）

类型区（一级区划）	类型亚区（二级区划）	涉及省（自治区、直辖市）
	极干旱暖温带造林亚区	内蒙古、甘肃、新疆
极干旱造林区	极干旱中温带造林亚区	内蒙古、甘肃、新疆
	极干旱高原温带造林亚区	甘肃、青海、新疆

三、三级区（造林类型小区）划分

三级区（造林类型小区）是依据大的地形、地势单元，在二级区划的基础上进行的区划，反映不同造林立地条件对造林技术的具体要求。区划时要求区内立地环境相对一致和区间差异性最大化，造林工作要求根据立地条件因地制宜，制定具体的造林技术和措施，是造林绿化最基本的分类单元和实施造林作业的具体对象。

（一）造林类型小区区划原则

①小区内立地条件相似性和小区间立地条件差异性，小区内立地条件相对一致，小区之间立地条件差异明显。

②小区内造林绿化目标、造林树种与技术措施相一致。

③区划时以主导因子为主，主导因子与辅助因子相结合。

④区域界线和地理位置清楚，小区不跨省级行政界线。

⑤命名科学、简便、实用、规范统一，对造林作业具有科学指导意义。

（二）造林类型小区区划指标及方法

造林类型小区划分指标以地势地貌为主要指标，降水量、水资源状况、土壤、植被等为辅助指标（表1-5）。造林类型小区划分是在类型亚区的基础上，按照区划原则和区划指标进行的进一步细划。主导因子为必须采用的共性指标，辅助因子是区域特征选择指标，可根据实际情况在造林类型小区划分时选择使用。

（三）造林类型小区命名方法

类型小区的命名包括干旱度、温度带、区域名称和主要地貌特征4个方面，即：类型区＋类型亚区＋区域名称＋小区主要地貌特征。如：半干旱暖温带晋西黄土丘陵沟壑造林小区。

表1-5　三级区（造林小区）划分指标及标准

主导因子	辅助因子		
地形、地势	降水量差异等级	水资源状况	其他因子
平原、丘陵、山地、沙漠（沙地）、高原、极高原等	极干旱区：0～50mm 50～100mm 干旱区：100～150mm 150～200mm 200～250mm 半干旱区：250～300mm 300～350mm 350～450mm ＞450mm	可利用地表水 可利用地下水 可供给生态用水	土壤、植被、地表覆盖（沙漠沙地、戈壁、绿洲、盐碱地）等

（四）造林类型小区划分结果

按照三级区划方法，将旱区划分为 125 个造林类型小区。划分结果详见附表和附图。

第四节　旱区造林绿化基本原则及关键技术

为提高旱区林草植被盖度、改善旱区生态环境、提高旱区农牧民生活水平，要以水分承载能力为基础，营造结构合理、密度适中、功能稳定的林分，加快旱区造林绿化步伐，提高造林绿化成效。

一、基本原则

①树立尊重自然、顺应自然、保护自然的生态文明理念和科学造林观念。在尊重自然规律的前提下，科学、规范、有序地推进旱区造林绿化，严格禁止违背自然科学规律和经济发展规律的落后造林方式，倡导运用先进、科学的植被恢复方式开展旱区造林绿化。

②坚持保护优先，自然恢复为主、人工辅助造林的原则。宜禁则禁、宜封则封、宜飞则飞、宜造则造、宜荒则荒，自然恢复与人工造林相结合，人工促进自然恢复。

③坚持因地制宜、适地适树的原则。大力提倡使用乡土树种、抗旱耐盐碱

树种造林，宜乔则乔、宜灌则灌、宜草则草，乔灌草结合，大力营造混交林、灌木林，严格控制耗水量大的乔木造林。

④坚持量水而行、以水定林，实施集雨抗旱和节水造林。根据水分条件合理确定造林力度和规模，合理利用地表水资源，保护地下水资源，积极发展雨养林业、节水林业，有限制的发展灌溉林业。

⑤坚持运用科学先进的植被恢复方式方法。大力推广和应用抗旱造林新技术、新材料，科学合理确定造林绿化方式、林种结构、林分结构和树种结构，提倡直播造林、低密度造林，以营造防护林为主，兼顾用材林、经济林和薪炭林，确保植被的稳定性和林木生长的可持续性。

⑥坚持严格保护造林地自然生境。造林活动要严格保护原有植被不被破坏，在整地、造林过程中充分保护好自然生境和现有植被，严禁采用引起水土流失、土地沙化的一切整地方法和生产行为。

⑦坚持造林与管护并重原则，摒弃只造林不管护或重造林轻管护的行为。

⑧严格按照科学规划设计、规范施工、精心管护的程序组织实施造林绿化。

二、抗旱造林关键技术

(一)集雨整地造林技术

可产生径流的山坡地、丘陵、平地，造林前采取人工或机械集雨整地，使降水汇集产生的径流补给到林木生长的土壤中，满足林木成活和生长对水分的需求。

1. 穴状集雨整地

破土面圆形或方形，栽植坑周围围成一个汇水区。适用于地形破碎、土层较薄的平地整地(图 1-1)。

规格和方法：采用穴状整地，大穴的口径 0.5~1m，深度 0.4~0.6m；小穴的口径 0.3~0.5m，深 0.3~0.5m。挖坑后，以坑为中心，将坑周围修成 120°~160°的边坡，形成一个面积 4~6m^2 的漏斗状方形坡面(或圆形)集水区，并将坡面做硬化处理(拍实)或铺膜。

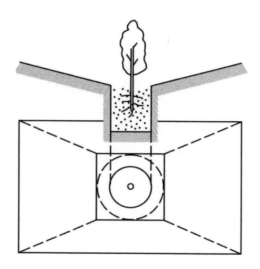

图 1-1　穴状集雨整地示意图

2. 鱼鳞坑集雨整地

随自然坡形，沿等高线，按一定的株距挖近似"半月"形的坑，坑底低于原坡面 30cm，保持水平或向内倾斜凹入。适用于地形破碎、土层较薄的坡地整地，呈"品"字形排列（图 1-2）。

规格和方法：坑长径 0.8～1.5m，短径 0.6～1.0m；坑下沿深度不小于 0.4m，外缘半环形土埂高不小于 0.5m。沿等高线自上而下开挖，先将表土堆放在两侧，底土做埂，表土回填坑内，在下坡面加筑成坡度为 30°～40° 的反坡（图 1-2）。

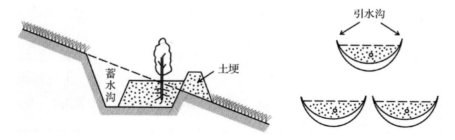

图 1-2　鱼鳞坑整地示意图

3. 反坡水平阶集雨整地

根据地形，自上而下，里切外垫，沿等高线开挖宽 1～1.5m 的田面，田面坡向与山坡坡向相反，田面向内倾斜形成 8°～10° 的反坡梯田。适用于坡面完

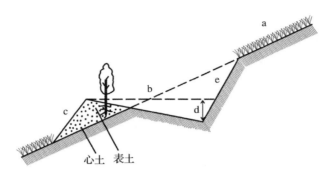

图 1-3　反坡梯田整地示意图

a. 自然坡面　b. 田面宽　c. 埂外坡　d. 沟深　e. 内侧坡

整、坡度在 10°~20° 的坡面整地(图 1-3)。

4. 反坡水平沟集雨整地

反坡水平沟整地技术用于坡面较整齐，坡度小于 30°，土层深厚的坡地，采取人工或机械沿等高线连续开挖出长度不限的沟槽(图 1-4)。

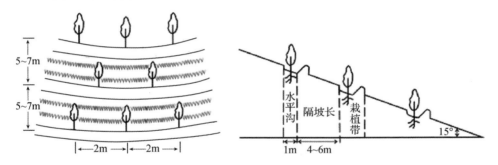

图 1-4　反坡水平沟整地示意图

规格和方法：带间宽度视降水和坡度大小而定，一般 5~7m，根据地形沿等高线人工或机械开挖沟槽，沟宽 0.6~0.8m，沟深 0.5~0.6m，长不限，每隔 5m 留 0.5m 挡埂，表土活土回填，用生土在沟外侧下坡筑成高 0.5m、埂宽 0.6m 的地埂。

(二)咸水滴灌造林技术

沙漠公路两侧、油气田和矿区周围，利用沙漠地区丰富的地下咸水资源进行滴灌造林，建立生态防护林工程。滴灌不仅水资源利用率高，而且可防止咸水聚盐对林木的危害。

具体方法：按照滴灌造林技术步骤和要求实施，但需要定期清除盐结层以防盐害，即当地表形成盐结层时应实施人工清除。

（三）贮水灌溉造林技术

建立贮水窖，将秋闲水、洪水、雪水就地拦蓄、贮存起来，通过人为重新分配，进行灌溉造林。

具体方法：在集水面的汇水处挖建水窖，形状可为圆柱形、瓶形、烧杯形、坛形等（张连翔等，2011），窖的内壁和底部设黏土或水泥防水层，收集贮存雨水，造林时用作苗木灌溉。

（四）覆盖造林技术

造林后在苗木周围铺设地膜、覆盖秸秆、平铺石块、喷洒生化抗蒸发剂等（张连翔等，2011），抑制土壤水分蒸发，保持土壤水分。

具体方法：在造林后，以苗木为中心，在苗木周围用覆盖材料（石块、地膜、秸秆、生草等）覆盖0.5m×0.5m的穴面。若用地膜覆盖，要低于种植穴，形成漏斗形，上压一层土，使降雨或灌水流入苗木根基。

（五）保水剂造林技术

苗木定植时，施用10~50g的保水剂洒埋于树苗根部，在一次浇水或降雨后便可将水分吸附于土壤中，供林木长期吸收。也可用50~100g抗旱保水剂兑50kg水，充分搅拌溶解成糊状，栽植时每株苗木浇该溶液0.5kg后迅速盖土，其后可视干旱情况进行灌水。

（六）沙地造林辅助工程措施

流动、半固定沙地（丘）造林，首先采用机械沙障等工程措施固定沙丘，然后实施直播造林或植苗造林。主要用于沙漠、沙地中的道路两侧、绿洲外围的防风固沙林的营造。

具体做法：造林前，在流动沙丘上，按照1m×1m或2m×2m的规格划好施工方格网线，将修剪均匀整齐的麦草、稻草、芦苇等材料横放在方格线上，用板锹之类的工具置于铺草料中间，用力下插入沙层内约15cm，使草的两端翘起，直立在沙面上，露出地面的高度20~25cm，再用铁锹拥沙埋掩沙障的根基部，使之牢固，然后在草方格内栽植苗木。

（七）直播造林种子处理技术

在沙地上实施直播造林时，采用有机和无机微肥、保水剂等材料对种子进行大粒化处理，使其能在播种后吸水膨胀、快速发芽，提高造林成活率。

具体做法：称取一定质量的选定种子，加入种子质量3~6倍的黏合剂溶液，搅拌均匀后，再加入 2 倍于黏合剂质量的配方粉料，经筛摇加工成丸，自然晾干后装于袋中备播。基本工艺为：精选种子→小丸化→增大滚圆→抛光→干燥与计量包装。此过程可在振摇设备上加工成丸，也可手工加工成丸。

(八) 引洪落种灌溉造林技术

流经旱区盆地、绿洲的季节性河流两岸及其周围区域，将春夏季高山融雪和降雨形成的洪水引导到绿洲外围，通过天然下种或人工落水播种，进行造林和促进植被恢复。

具体做法：在洪水来临前，在靠近林区〔胡杨（*Populus euphratica*）、柽柳（*Tamarix* spp.）〕的宜林荒沙地，开渠堵坝，洪水来时自由下落的种子随洪水漂移着床。在缺少天然下种的宜林荒沙地，将土地分成 $10hm^2$ 大小的地块，平整打埂，开深 0.5m 的引水沟，洪水来时人工在渠首往水里撒播种子，种子随水着床。

(九) 涌泉根灌造林技术

主要用于绿洲经济林及特殊防护林的节水灌溉造林，将灌溉水直接输送到苗木根系，所有毛管和微管全部埋入地面以下，使用寿命可达 20 年，费用只有一般滴灌的 30%。

涌泉根灌是灌溉水由直径为 4mm 的微管流到内部灌水器的进水口，经过滤网进入流道，再由侧下部的出水口流出，由套管导入底部土壤中，内部灌水器处于悬空状态，不与土壤直接接触，避免了堵塞（吴普特，2010）。

(十) 塑料管防护无灌溉造林技术

在年降水量 100～300mm 的地区，利用直径 15～20cm、长度 20～30cm 的可降解套管，造林时将其套住苗木并插入土壤 5cm，管件寿命 2～3 年为宜。适宜流动、半流动、固定沙丘以及戈壁上的造林，可降低地表层高温和减少土壤蒸发，防止风沙以及小动物啃食等危害，不需灌溉，适宜秋季、春季直播和植苗造林。

(十一) 湿沙层水造林技术

我国东部沙地及北疆古尔班通古特沙漠，可在秋末冬初第一场雪前，利用当年降水产生的悬湿沙层，在沙丘实施灌木免灌造林，加上冬季有一定量的降雪补给水，次年春季土壤墒情较好，可大大提高造林成活率（李生宇等，2013）。

具体做法：在土壤冻结前，选择土壤水分条件较好的沙丘（阴坡、背风坡），挖坑至湿沙层，随即将苗木植入坑中踩实。适宜此方法的主要灌木树种有梭梭（*Haloxylon ammodendron*）、柽柳、锦鸡儿（*Caragana sinica*）等，造林苗木不宜过大(2年生为宜)。

(十二)沙地集雨造林技术

在降水量大于100mm的沙漠、沙地丘间低地,按4~5m行间距开沟,沟深0.3m,向沟两边翻土,再将沟两旁修成120°~160°的边坡,然后在沟内按4~5m间距打一条高约25cm的横埂,两边坡与两横埂之间围成一个面积20~25m²的双坡面集水区(李生宇等,2013),再在沟内栽植梭梭、柽柳等灌木,可使两边坡上所产生的径流水补给到林木根部。

(十三)秋季截干无灌溉造林技术

造林时一般采用2年生易萌生树种苗木[杨树(*Populus* spp.)、山杏(*Armeniaca sibirica*)、沙棘(*Hippophae rhamnoides*)、刺槐(*Robinia pseudoacacia*)等],截去主干,根上部留秆20cm,秋季土壤封冻前进行栽植,栽植时地上留2cm,栽植后用表土将地上部分完全覆盖,形成一个小土堆,来年发芽时再剖开,无需灌溉。

(十四)大袋带水带土造林技术

不能灌溉的山地、丘陵、坡地造林,使用聚乙烯塑料袋,袋内放入土壤、水及保水剂制成泥浆,然后将苗木放入袋内泥浆中挖坑栽植,造林后无需灌溉可保证苗木成活。

具体做法:首先根据苗木大小选择适合的植苗袋;在袋内放入水和土及保水剂,和成泥浆;将苗木放入盛有泥浆的袋内;将苗木袋合耳放入栽植坑内压土;最后将造林地的熟土填回栽植坑内,踩实。

(十五)低压水冲扦插造林技术

沙漠或沙地中的流动、半固定沙丘上,以地下水或河水为水源,以柴油机为动力,带动水泵将水通过胶皮水管送到用空心钢管做成的冲击水枪,直接射入沙丘中形成栽植孔,然后将插条[如北沙柳(*Salix psammophila*)、柽柳等]插入栽植孔,再用水枪将插条周围的沙土冲入空隙,填满压实,一次完成栽植和灌溉。

(十六)深栽造林技术

在旱区河流两岸的阶地和滩地、干渠两侧、绿洲内外、平原和沙丘间的低地上,地下水位1~3m深、土壤为沙质土或沙壤土,用钻孔机或手工在定植点上钻孔,深至地下水位,将无根的插秆或带根苗植入,然后填土捣实。

适用于此方法进行深栽插秆造林的树种有杨树、旱柳(*Salix matsudana*)、白柳（*Salix alba*）等，适用于带根深栽的树种有沙枣（*Elaeagnus* spp.）、沙棘、胡杨等。

（十七）低压管道输水灌溉造林技术

低压管道输水灌溉也叫管道输水灌溉，它是以管道代替明渠输水灌溉系统的一种。灌水时利用较低的压力，通过压力管道系统，把水输送到造林地进行灌溉造林。

具体做法：在造林地较高的地方修建蓄水池，将灌溉水引入蓄水池（或抽水），再利用由输水管道、给配水装置（出水口、给水栓）、安全保护设施（安全阀、排气阀）及田间灌水设施组成的输水系统，将水输送到植树坑。

（十八）容器供水造林技术

造林时，用一个废旧的塑料矿泉水瓶，装满水后封好瓶口，在水瓶拦腰处扎一小孔（孔径0.3mm左右），苗木定植时将水瓶放入栽植穴内的苗根旁，孔眼朝上，选择一根健壮的根系插入水瓶孔口内，根系插入瓶内尽可能深一些，然后按照造林要求埋土踩实，做埂灌水。

（十九）"三水"造林技术

"三水"造林技术是指集收雨水、覆膜保水和根部注水于一体的抗旱造林技术的简称。具体做法：在造林时，首先采用鱼鳞坑、水平沟等方式实施集雨整地，造林后再在树坑上覆盖地膜，其后在苗木生长过程中遇干旱时在树苗根部注水补墒，即通过收集雨水、减少蒸发、灌溉补水提高造林成活率。

三、抗旱造林技术流程

（一）作业设计

在对绿化用地进行调查的基础上，编制科学、实用的造林实施方案，因地制宜，因势利导，根据地形、土壤、水分等条件近自然配置和自由栽植，突破传统的固定株行距设计模式。

（二）适地适树

通过研究立地条件与树种的适应性，选定适应造林地自然和经济条件的抗旱乡土树种造林。

（三）良种壮苗

选择品质优良、生长健壮、根系发达、无病虫害的苗木造林，苗木质量等级要高，规格要适中（灌木树种苗木1~2年生，乔木树种苗木2~3年生），避免采用大苗、超规格苗造林。

（四）集雨整地

实施集雨整地、局部整地，整地破土面要小，最大限度保护原有植被。

（五）抗旱栽植

造林时对土壤采取灌溉、保水措施，对苗木采取保水、套袋处理，尽可能深栽和采用容器苗造林，避免长距离苗木运输。

（六）抚育管护

造林后要及时进行补植补栽、除草松土、病虫害防治，防止人畜破坏等。

第二章

极干旱区造林绿化

第一节 | 基本情况

一、范 围

极干旱造林区包括新疆的塔里木盆地东南部、吐哈盆地、阿尔金山、昆仑山北麓，青海的柴达木盆地西部，甘肃的河西走廊西端、马鬃山及其以北，以及内蒙古阿拉善高原的西北部。本区域划分为极干旱暖温带造林亚区、极干旱中温带造林亚区和极干旱高原暖温带造林亚区3个类型亚区。

二、自然概况

本区处于欧亚大陆深处，是我国气候最干旱的地区，气候显著特点是降水稀少、蒸发量大、日照充足、太阳辐射强、昼夜温差大、夏季干热、冬天寒冷、大风、沙尘暴频发。本区大部分区域年降水量不足100mm，塔克拉玛干沙漠腹地、哈密、敦煌、柴达木西部等地不足50mm，降水主要集中在夏季。区域内地表水资源匮乏，仅靠盆地周边山地的降水及冰川融水形成的季节性河流滋润着绿洲，山前平原贮藏着较丰富的地下水资源。

本区绿洲人口分布密集，水资源供需矛盾突出，河流下游断流、天然湿地减少、湖泊干涸、土地沙化和盐渍化严重，绿洲边缘沙丘活化，绿洲安全受到威胁。

第二节 造林绿化总要求

本区造林绿化要以维护绿洲生态安全和保护荒漠天然乔、灌、草植被为基本要求，坚持人与自然和谐共存发展及水资源可持续利用方针，通过封育保护和人工辅助造林，建立完善的防护林体系。包括以下基本要求：

①保护现有植被，维护生态安全。封育保护为主，人工造林为辅，封育保护与人工造林相结合。

②以营造防护林为主，经济林为辅，防护林与经济林相结合。

③加强流域水资源管理与调度，落实生态用水配额机制，协调好农业用水与林业用水、上游用水与下游用水的关系，保证造林和林木生长对水资源的需求。

④坚持因水制宜、以水定林，控制灌溉造林规模，有限制的利用地下水灌溉造林，充分利用地表水（河流水、洪水、农闲水）实施人工灌溉造林。

⑤选择抗旱性强、耗水量少的灌木树种进行造林，以营造灌木林为主，乔、灌、草相结合，限制采用耗水量大的树种造林。

⑥应用节水灌溉技术和土壤保水技术进行造林，提倡滴灌、覆盖保墒，禁止大水漫灌。

第三节　类型亚区造林绿化

一、极干旱暖温带造林亚区

（一）自然概况

极干旱暖温带造林亚区包括新疆的塔里木盆地东南部、吐哈盆地、库木塔格沙漠，甘肃的河西走廊西端及马鬃山。区域内分布有沙漠、山麓、戈壁和绿洲，土壤类型主要有风沙土、棕漠土、灰漠土、盐土，沙漠地区植被主要为旱生、超旱生的灌木、半灌木，绿洲河谷分布有天然胡杨林和柽柳灌木林，低山坡麓、戈壁冲沟分布有稀疏的梭梭、柽柳、合头草（*Sympegma regelii*）等灌木丛。本亚区涉及甘肃省和新疆维吾尔自治区。

本区地处欧亚大陆深处，气候极度干旱，年降水量不足 100mm。区域内沙漠、戈壁、绿洲镶嵌分布，绿洲受风沙危害非常严重，有沙埋绿洲势头，水资源严重短缺，生态环境极为脆弱。林业生态建设以保障水资源可持续利用、维护绿洲生态安全、保护和恢复林草植被为重点。

本区地表水主要以昆仑山和阿尔金山流出的河流为主，由西向东有和田河、克里雅河、尼雅河、安迪尔河、卡拉米兰河、车尔臣河、若羌河等。塔里木河、孔雀河、车尔臣河汇集于塔里木盆地东部，最终消失在荒漠中。东疆的吐鲁番和哈密地区，天山雪水和冰川融水向南流淌渗透，形成地下水流入盆地周围，以地下水补给的形式成为该地区主要水资源。河西走廊西部水资源则主要来自发源于祁连山的疏勒河和党河。

本区由于历史上毁林开垦、不合理利用水资源、乱砍滥伐、过度放牧等人为影响，叶尔羌河、和田河中下游的灰胡杨（*Populus pruinosa*）林和胡杨林面积减少，抵御风沙危害的生态功能减弱，昆仑山北坡及吐哈盆地绿洲受到风沙危害。

（二）技术要求

①林业生态建设以维护绿洲生态安全为目标，通过保护荒漠天然植被和人工造林，增加林草面积，提高植被覆盖，建立完善的绿洲防护林体系。

②对荒漠区的灌草植被，实施严格的保护措施，严禁开垦、放牧、樵采等破坏行为，并通过定期补充生态用水，保证植被正常生长和生态防护功能。

③绿洲区按照"网、片、带"、"乔、灌、草"相结合的造林和育林原则，建立绿洲防护林体系。绿洲外围建立灌草结合的第一道防线，绿洲边缘、河湖两岸建立乔灌相结合的第二道防线，绿洲内建立以乔木为主的窄林带、小网格农田防护林网。

④河流湖泊周围及河谷洼地分布的疏林地，采用封造相结合的方式，通过合理配水、封沙育林、引洪灌溉等措施，人工促进天然恢复。

⑤沙漠公路两侧及矿区、油气田周围区域，坚持工程措施与生物措施相结合，实施节水灌溉造林，建立灌草植被类型的防风固沙林，保护公路、矿区及油田等不受风沙危害。

⑥适度发展经济林，营造名优经济林和发展特色林果业种植，改造现有低产、低质林果，培育附加值高的经济林，提高水的利用产出价值。

⑦本地区适宜封沙育林育草和人工灌溉造林，不适宜飞播造林。

（三）技术要点

1. 封育保护

（1）区域

塔克拉玛干沙漠各河流及其周边荒漠区，以及荒漠绿洲过渡带，包括塔克拉玛干沙漠南缘、孔雀河下游、吐哈盆地及中天山南坡，罗布泊及其以西地区，库木塔格沙漠，以及河西走廊西端荒漠区等，都是封育保护重点区域。

（2）对象

①塔克拉玛干沙漠南缘地区。重点封育保护对象是，分布于绿洲外围的沙漠与绿洲过渡带丘间洼地的稀疏柽柳灌丛及芦苇（*Phragmites* spp.）草丛沙包，

以及伸入沙漠内部的河流谷地中的胡杨林、灰胡杨林、柽柳灌丛与草甸等。

②塔里木东北部及其以东荒漠区。重点封育保护对象是，沿河流绿色走廊的天然胡杨林和柽柳灌丛林，以及其他由芦苇、花花柴（*Kareliniacaspia* spp.）、疏叶骆驼刺（*Alhagi sparsifolia*）、胀果甘草（*Glycyrrhiza inflata*）、大叶白麻（*Poacynum hendersonii*）等组成的灌草植被。

③罗布泊及周围地区。主要是封育分布在罗布泊保护区的旱生灌草植被，西缘主要是柽柳灌丛、芦苇盐生草甸以及大片的大叶白麻与罗布麻（*Apocynum venetu*）盐生草甸，其他地区为零星分布的盐节木（*Halocnemum strobilaceum*）、盐爪爪（*Kalidium* spp.）等盐生植被，都是该区封育保护的主要对象。

④中天山南坡及吐哈盆地南部。该区域极度干旱，植被非常稀疏，主要是对分布在荒漠区低洼滩地的沙拐枣（*Calligonum* spp.）、红砂（*Reaumuria songonica*）、驼绒藜（*Ceratoides* spp.）、圆叶盐爪爪（*Kalidium schrenkianum*）、膜果麻黄（*Ephedra przewalskii*）、泡泡刺（*Nitraria sphaerocarpa*）等灌木、半灌木荒漠植被实施封育保护。

⑤库姆塔格沙漠及河西走廊西端荒漠区。封育对象是分布于山前洪积扇的合头草、红砂、霸王（*Sarcozygium xanthoxylon*）、裸果木（*Gypsophila przewalskii*）等稀疏灌丛，山前洪积扇到沙漠边缘过渡区的梭梭、白刺（*Nitraria tangutorum*）、沙拐枣灌木林，以及沙漠地区的柽柳、梭梭、猪毛菜（*Salsola* spp.）灌丛。

（3）目标

①沿河流两岸及绿洲边缘，以乔木（胡杨）和灌木（柽柳）为主的荒漠天然林，伴有草本（芦苇）植物的乔灌草类型，育林区植被恢复达到稳定时的目标盖度为40%~60%。

②河流、绿洲外围与荒漠区过渡区及低山坡麓，以灌木为主（柽柳、锦鸡儿、沙拐枣），伴有草本的灌草型，育林区植被恢复达到稳定时的目标盖度为20%~40%。

③远离河流、绿洲的沙漠丘间地底及荒漠戈壁区，以沙生植被为主的灌草或灌丛型，育林区植被恢复达到稳定时的目标盖度为20%左右。

（4）方式及类型

沙漠及其周边地区，建立的荒漠植被封禁保护区，要实施全封。封育类型为灌丛型或灌草型。

河流谷地区，建立的绿洲、河流防护林及水源涵养林，实施半封和轮封，封育类型以乔、灌、草型为主。

（5）辅助措施

封禁保护区要建立巡逻管护站点，设立专人管护，并实施禁牧、限牧、生态移民。绿洲、河流、山地封育管护区，建立执法巡查制度，防止破坏性的放牧和利用。

沙漠及绿洲外围区域，要利用融雪洪水，人工引导洪水灌溉恢复植被。其他有灌溉条件的地区，实施人工造林。

2. 名优经济林营造

（1）区域及造林树种

南疆塔里木盆东南部是新疆名优林果主产区，以枣（*Zizyphus jujuba*）、核桃（*Juglans regia*）、杏（*Armeniaca vulgaris*）、香梨（*Pyrus sinkiangensis*）、苹果（*Malus pumila*）、石榴（*Punica granatum*）、巴旦杏（*Prunus amygdalus*）等为主；吐哈盆地以葡萄（*Vitis* spp.）、枣、桑（*Morus alba*）等为主；河西走廊西端的敦煌经济林区，以苹果、梨（*Pyrus* spp.）、桃（*Amygdalus persica*）、杏、枣、葡萄等为主。

（2）营造技术

一是通过对现有低产、低质经济林改造，提高经济林果品产量和质量，形成具有优质、高产的规模型林果生产基地；二是营造以巴旦杏、枣、核桃等为主的生态型经济林。

造林时要采用良种壮苗、灌水定植、覆盖保水。大冠幅树种造林密度每亩① 14～30 株，中小冠幅树种每亩 20～50 株。

3. 人工防护林营造

（1）造林区域及林种

绿洲外围营造防风固沙林，河岸水渠、道路、居民区营造护岸护路防护林，绿洲营造农田防护林。

（2）造林树种

①防风固沙林：沙枣、胡杨、灰胡杨、梭梭、白梭梭（*Haloxylon persicum*）、柠条（*Caragana korshinskii*）、怪柳、沙拐枣等。

②河岸水渠道路居民点防护林及农田林网：新疆杨（*Populus alba* var. *pyramidalis*）、胡杨、旱柳、刺槐（*Robinia pseudoacacia*）、白榆（*Ulmus pumila*）、槐（*Sophora japonica*）、沙枣、白蜡（*Fraxinus chinensis*）等。

---

① 1 亩 = 1/15hm²，下同。

③盐碱地造林：胡杨、梭梭、怪柳、枸杞（*Lycium chinense*）、柠条等。

（3）造林密度及配置

一般防护林营造。乔木造林每亩控制在 14～48 株，灌木造林每亩控制在 20～60 株，乔灌混交林每亩控制在 20～40 株。

农田防护林体系营造。要根据风沙危害情况，在绿洲西南方与沙漠接壤的风沙危害严重区域，从外围荒漠区到绿洲内部，按照绿洲外围灌木固沙林、绿洲边缘乔灌阻沙林、绿洲内乔木护田林网实施造林。农田林网的林带走向与道路、灌渠相互配合，灌渠、道路、林网一体化。林带间距主林带 400～500m，副林带 800～1000m，林带宽 8～10m。

绿洲边缘阻沙基干林营造。采用耐旱的沙枣、核桃、巴旦杏、枣、杏等经济树种，大宽度的营造生态经济林。

绿洲外围防风固沙林营造。根据地下水、小地形和土壤，营造多树种混交的灌木林，团状、块状混交，以达到最佳防风固沙效果。

（4）整地技术

禁止全面整地，实施穴状局部整地。沙土地造林不提前整地，随整地随造林。其他土地类型可提前预整地。

（5）造林技术

本区适宜植苗、直播灌溉造林，不适宜飞播造林、大面积乔木造林。植苗造林要深栽，栽植深度大于 0.5m。造林季节：植苗造林一般为春季，直播造林以洪水季的拦洪造林为主。树种配置：农田防护林为乔灌型；防风固沙林为灌草型；盐碱地造林以栽植耐盐灌木为主，并实施排盐措施。

二、极干旱中温带造林亚区

（一）自然概况

极干旱中温带造林亚区包括新疆伊吾县北部的淖毛湖盆地、甘肃马鬃山以北荒漠戈壁和内蒙古额济纳高平原，该区域沙漠、戈壁、绿洲、裸岩石山镶嵌分布。涉及内蒙古、甘肃、新疆 3 省（自治区）。

本区炎热、干燥、多风，大部分地区年降水量不足 60mm，西部的淖毛湖盆地多年平均降水量不足 20mm，东部的额济纳平原年降水量只有 50mm，年蒸发量 2500～3700mm。地貌景观为绿洲和湖泊被荒漠戈壁包围，90% 的区域为荒漠区。土壤以地带性的灰棕漠土和非地带性的风沙土为主，绿洲主要有草甸土、潮土等。

区内绿洲植被主要以胡杨、柽柳、沙枣、梭梭等天然乔木和灌木为主，伴有沙棘、骆驼刺、苦豆子（Sophora alopecuroides）、芦苇等植物。荒漠区植被有柽柳、骆驼刺、梭梭、芦苇等。淖毛湖盆地有面积超过40万亩的天然胡杨林，额济纳绿洲的胡杨林面积近45万亩（刘欣华等，2002），马鬃山以北有近80万亩的梭梭灌木林（冯建森等，2013）。该区域是我国天然荒漠林主要分布区之一。

西部的淖毛湖盆地主要是伊吾河水对绿洲灌溉和地下水补给，由东向西季节性径流形成的湖泊，在其周围分布有大面积的荒漠胡杨林。东部的额济纳高平原有黑河下游的额济纳河贯穿全境，最终流入居延海，是区内唯一水源补给河流，也是绿洲的主要命脉。马鬃山北地区年均降水量80.7mm，无常年性河流与湖泊，暴雨后干河床与低地有洪水，低洼地带有泉水出露。

本区是我国中部路径沙尘暴的发源地，自然生态环境脆弱。由于上游河水量的不断减少，破坏了植被生长对水的供需平衡，加之人为破坏和过度放牧，天然荒漠林有枯死现象，森林面积减少，湿地萎缩，植被退化严重，绿洲生态环境趋于恶化。

（二）技术要求

①对分布本亚区的胡杨、梭梭等天然荒漠林实施严格的保护措施，严禁放牧、樵采等破坏行为，并通过封沙育林、人工促进天然恢复等措施，提高林草植被盖度。

②在绿洲、河流两岸、湖泊周边实施封育与人工造林相结合的育林措施，增加林木面积，提高森林质量和生态服务功能。

③通过水资源的合理配置，逐步提高绿洲生态用水量和下游输水量，恢复湿地及其周边植被。

④在绿洲外围沙漠戈壁前沿，建立乔、灌、草结合的防风阻沙林，防止风沙侵入和危害，绿洲内建立完善的防护林网。

⑤本地区适宜封沙育林育草和人工辅助造林种草，不适宜飞播造林。

（三）技术要点

1. 封育保护

（1）区域

极干旱中温带造林亚区适宜封育保护的区域有巴里坤山以北（淖毛湖）、额济纳绿洲及两湖（东居延海、西居延海）及马鬃山以北等区域。

本区域由于长期不合理水资源利用及对植被的破坏，已影响该区域绿洲、湖泊、河流的生态安全，因受极端干旱气候、水资源、交通等条件限制，只能采取封育保护措施，人工促进自然恢复。

（2）对象、目标及类型

①额济纳高原及淖毛湖盆地：

——在绿洲及河湖两岸，主要以胡杨、红柳、沙枣、芦苇等组成的有林地和疏林地为封育管护对象，封育类型为乔灌草型。封育区植被处于稳定状态的目标盖度为50%左右，其中乔灌木林盖度为30%左右。

——在绿洲及河湖外围与荒漠过渡区域，主要以沙枣、柽柳、花花柴、白刺、沙蒿（Artemisia desertorum）、沙拐枣组成的灌木林或疏灌（丛）为封育对象，封育类型为灌草型。封育区植被处于稳定状态的目标盖度为30%～40%，其中灌木盖度为20%～25%。

——在远离绿洲的荒漠区，封育对象主要为梭梭、花花柴、白刺、沙蒿、膜果麻黄、红砂、骆驼刺，封育类型灌草疏林（灌丛）。封育区植被处于稳定状态的目标盖度为20%左右。

②马鬃山以北地区：该区域封育类型为灌草型。

——在砾石质戈壁区。主要是梭梭疏林，伴生植物有红砂、合头草、泡泡刺、白茎盐生草（Halogeton arachnoideus）、膜果麻黄、霸王、雾冰藜（Bassia dasyphylla）、猪毛菜等植物，现在盖度为5%～10%，封育区群落目标总盖度为20%左右。

——山沟、河床谷地区主要是已成林的梭梭灌木林，灌木层和草本层都发育良好，伴生植物多，长势好，封育区群落目标总盖度为40%左右。

——海拔较低的洪积盆地区主要为梭梭老龄林，梭梭植株高大，伴生植物很少，只有白刺和一些草本植物，主要是采取封育复壮更新，封育区群落目标总盖度为30%。

（3）方式

荒漠区灌木林。对因滥挖和滥樵采引起的灌木林退化地区，封育初期要实施全封，禁止砍伐、樵采、开垦、放牧、采药、狩猎、勘探、开矿和滥用水资源等一切破坏植被的活动。

绿洲及河湖两岸的胡杨、柽柳乔灌木林。对由于上游水资源过度利用而导致的下游林木衰败地区，要制定和落实河水统一调度政策，向下游调水补水，恢复绿洲植被。同时要兼顾当地农牧民的生产、生活，实施半封。在严格保护前提下，适当进行生产活动，禁止采伐、割草和放牧，防止林木遭到破坏，并有计划地进行居民搬迁转移和产业结构调整。

（4）辅助措施

封育期限一般 5～10 年，并实施无限期管护。

结合人工管护，在地下水位高、有灌溉条件的地方，辅助人工造林，造封结合。

①人工促进天然更新：在有季节性洪水流过的区域，人工引导洪水到有梭梭和怪柳下种的地块，并破土整地，人工促进恢复和更新。

②人工补植：对自然繁育能力不足或幼苗、幼树分布不均的间隙地块，应按封育类型成效要求进行补植或补播。

③平茬复壮：对有萌蘖能力的树种（怪柳、胡杨等），根据需要采取平茬复壮、断根等措施，以增强萌蘖能力。

2. 防护林营造

（1）水资源的分配与造林

本区域造林成败关键取决于该区域对生态用水的配额。因此，在流域水资源的调配中，应结合现实用水状况与水资源总量制定合理的分水原则，给予足够的生态用水。

（2）造林区域及林种

本亚区大部分地区为戈壁、沙漠和裸岩，不适宜人工造林。只有在绿洲、河湖岸边、山沟、河床谷地等水分条件较好的地区可实施人工造林。

荒沙地、绿洲外围宜营造防风固沙林，河湖岸边、水渠道路两旁、居民区宜营造护路护岸防护林，绿洲内营造农田防护林。

（3）造林树种

①道路两旁、河湖岸边等地下水位较浅的地区：沙枣、怪柳、胡杨、梭梭、榆树（*Ulmus* spp.）、旱柳等。

②荒沙地及盐碱地：梭梭、怪柳、枸杞、柠条等。

③农田防护林网：杨树、榆树、怪柳、旱柳、沙枣等。

（4）造林密度

一般造林。乔木造林每亩控制在 14～48 株，灌木造林每亩控制在 20～60 株，乔灌混交林每亩控制在 20～40 株。

农田防护林造林。按照绿洲外围营造防阻沙灌草林、绿洲内营造护田林网的要求确定造林密度。

（5）整地技术

禁止全面整地，实施局部整地。不提倡提前整地，随整地随造林。整地方式为穴状整地和机械化带状整地。

（6）树种配置

沙荒地、盐碱地造林以灌木树种为主，并根据立地及生态建设目的，采取多树种带状、块状混交造林。

农田林网、绿洲周围及河湖岸边造林，应根据水分条件，宜乔则乔、宜灌则灌，最好营造乔灌结合的混交林。河湖岸造林，可根据土壤、水条件，采取块状、带状、团状混交方式造林。

农田外围基干防护林带营造，要按照外围灌木、里边乔木的配置方式混交造林，一般林带宽10～20m。

护田林网营造。考虑到该区域风沙危害比较严重，宜采取小网格、窄林带的配置方式，主林带间距300m，副林带间距500m，林带宽度5m。采用不同树种行间混交方式造林。

（7）造林方法及造林季节

本区适宜植苗灌溉造林，植苗要深栽，栽植深度大于50cm。荒沙地、较远的地方要采用容器苗造林。造林季节一般为春季造林，水要灌足。

三、极干旱高原温带造林亚区

（一）自然概况

极干旱高原温带造林亚区位于青藏高原北缘，包括柴达木盆地西部、昆仑山北麓、阿尔金山及祁连山西端。涉及新疆、甘肃、青海等3个省（自治区）。

本区大部分地区年降水量不足100mm，柴达木盆地西部年降水量不足50mm，仅昆仑山与阿尔金山西部交汇处的山区降水量可达150mm。该区域土壤类型主要有寒钙土、寒冻土、草毡土、寒漠土、风沙土、盐土。林木植被主要为温带半灌木和矮灌木。

区内分布有沙漠、戈壁、山地、湖泊等。昆仑山北坡，面向塔里木盆地，从海拔1000多米的山麓到海拔4000多米的山顶，依次为贫瘠不毛的石膏荒漠，极稀疏的红砂和沙拐枣灌丛，稀疏的优诺藜（*Eurotia arborescens*）、合头草、蒿类（*Artemisia* spp.）、野葱（*Allium chrysanthum*）、禾草等灌草，以及高山垫状植被。柴达木盆地西部荒漠区，中心地带为大面积的裸露沙漠戈壁，在盐湖、盐池、盐沼和河流、沟渠两侧、丘间低地分布有黑果枸杞（*Lycium ruthenicum*）灌木林，向南到昆仑山坡麓，沟坡及岩屑上有堆散生垫状驼绒藜（*Ceratoides compacta*）、红砂、合头草荒漠植被，绿洲周围、洪积平原后缘的雨沟有膜果麻黄、梭梭、柽柳、白刺半灌木和灌木。阿尔金山到祁连山西端的广大地区，分布着典型的亚洲中部荒漠植被，有祁连圆柏（*Sabina przewalskii*）、膜果麻黄、塔里木沙拐枣（*Calligonum roborowskii*）、红砂、驼绒藜、合头草、蒿叶猪毛菜（*Salsola abrotanoides*）和泡泡刺等。

昆仑山北坡是补给塔里木盆地水资源的集水区，众多流向盆地的内陆河流与两岸植被相互依存。柴达木盆地的水系具有典型内陆性特点，均是短小并呈向盆地中心流去的内陆季节性河流，那仁郭勒河、乌图美仁河等河流补给绿洲的水分都源于东昆仑山北坡山地冰雪融水和山区降水。祁连山西端则是流向河西走廊的黑河和党河发源地。

历史上该地区植被遭到一定的破坏，土地退化和沙化问题较为突出。

（二）技术要求

①林业生态建设以建立完善的防护林体系为目标，通过封禁保护区建设、封沙育林和人工辅助造林，人工促进天然恢复，增加林草植被，维护区域生态安全。

②实施严格保护措施，保护柴达木盆地的绿洲、河岸、湖泊周边的乔灌草植被，以及生长在荒漠区盆地、冲积扇、风积沙丘边缘和山间盐土平原上珍贵的黑果枸杞灌木林及其他灌丛植被。

③大力营造和完善绿洲农田防护林体系，绿洲外围营造以灌木为主的防风固阻沙林，绿洲内营造以乔木为主的农田林网。

④通过盐碱地治理和重点区域造林绿化，栽植耐盐灌木经济林木（枸杞、黑果枸杞），营建经济防护林，增加林草面积，提高农牧民收入。

⑤本地区适宜封沙育林育草和人工辅助造林种草，不适宜飞播造林。

（三）技术要点

1. 封育保护

（1）区域

柴达木盆地西部、昆仑山北麓、阿尔金山 – 祁连山西端等区域。

①柴达木盆地地处青藏高原北部，夹于昆仑山、阿尔金山和祁连山间，是我国海拔高度最高的内陆高盆地，主要由戈壁、沙漠、风蚀残丘和盐沼组成。本区域风沙危害严重，沙尘暴频发，是今后植被保护和恢复的重点区域。

②昆仑山北麓围绕塔里木盆地南缘，形成南向突起的弧形山脉，是南疆盆地南部河流重要的流经地。区域内河流较多，叶尔羌河、库山河、提孜那甫河、棋盘河、乌鲁克吾斯塘河、波斯喀河等众多河流都流经该区，最终都汇入塔里

木河。本区内的自然植被主要为稀疏的荒漠植被，过度放牧和人为樵采对区域植被破坏较大，封育和保护该区域灌草植被，对塔里木盆地水资源安全尤为重要。

③阿尔金山到祁连山西端，气候干燥，植被稀疏，以旱生的灌木和半灌木为主，阿尔金山国家自然保护区内有包括野双峰驼（*Camelus ferus*）在内的多种珍稀野生动物，加强本区域植被保护与培育，对野生动物的生存、防止水土流失意义重大。祁连山西部是黑河和党河发源地，保护好本区域植被，对河西走廊西部水源安全意义重大。

（2）对象及目标

①柴达木盆地北部的戈壁区，重点保护植物为红砂、合头草、细枝盐爪爪（*Slenderbranch kalidium*）、驼绒藜、蒿叶猪毛菜等半灌木丛；中部西台吉乃尔湖、东台吉乃尔湖、鸭湖区域，重点保护植物有柴达木沙拐枣（*Calligonum zaidamense*）、膜果麻黄、柽柳、芦苇、赖草（*Leymus secalinus*）等灌草丛以及分布于盐化荒漠土的稀疏驼绒藜和红砂灌木丛；南部盐沼区，重点保护的植物有黑果枸杞、白刺、芦苇、赖草等盐生灌草丛。绿洲周边及河湖岸边，封育区植被达到稳定的目标盖度为30%~40%；山沟谷地为20%~30%；荒漠区为20%左右。

②昆仑山北麓，重点封育管护的植被类型为：分布在中山阴坡上的散生雪岭云杉（*Pinus schrenkiana*）与山地草原构成的局部山地森林草原植被，新疆方枝柏（*Juniperus jarkendensis*）组成的针叶灌木林植被，以及低山牧区由红砂、猪毛菜等半灌木与沙生针茅（*Stipa glareosa*）等组成的灌草植被。封育后中山阴坡森林草原植被达到稳定结构的目标盖度为40%左右，阳坡灌草为25%左右，低山荒漠戈壁灌丛为20%左右。

③阿尔金山到祁连山西端区域，封育保护对象主要为分布于中低山区的祁连圆柏、红砂、驼绒藜、蒿叶猪毛菜、膜果麻黄、圆叶盐爪爪（*Kalidium schrenkianum*）、紫花针茅（*Stipa purpurea*）、红砂及蒿类等灌草荒漠植被。封育后植被达到稳定结构的目标盖度为20%~30%。

（3）类型

绿洲周边地区及自然保护区建立的荒漠植被封禁保护区，要实施全封。封育类型为灌木型和灌草型。

绿洲、山地丘陵及河流谷地区，采取封山（沙）育林育草措施，建立绿洲、河流防护林及山地丘陵水源涵养林体系。实施半封和轮封，封育类型以乔灌草型为主。人为破坏严重的地区，封育初期实施全面封育，植被恢复后可半封、轮封。

（4）辅助措施

封禁保护区应建立巡逻管护站点，设立专人管护，并实施禁牧。对绿洲、河流、山地封育管护区，建立执法巡查制度，防止放牧和利用。

对绿洲外围、河湖绿色走廊的封沙育林区，要建立巡查制度，专人管护，并定期给予生态水补给，保证林木正常生长。有灌溉条件的区域进行防风固沙林营造。

2. 经济防护林营造技术

（1）树种及造林密度

柴达木盆地西部的茫崖、乌图美仁等绿洲，分布有大面积盐碱地，地下水位较高，适应枸杞生长。柴达木盆地黑果枸杞人工栽培成功，可在盐碱程度低、水分条件较好的区域营造枸杞和黑果枸杞经济林防护林，造林密度按每亩60～110株定植，宽行距窄株距栽植，有利于经营作业和采收。

（2）栽培技术

整地。按照4～5m带间距整地，需要灌溉造林和灌溉经营的，与整地同步配套滴灌、喷灌等节水灌溉设施。

造林方法。采用植苗造林、扦插造林和分蘖造林均可。植苗造林以春季为佳；扦插和压条造林，春秋两季均可，方法是取0.5～1cm粗生长的枸杞枝条浸泡2～3d后，剪成长30～50cm的插穗扦插即可；分蘖繁殖，在2年生的枸杞根颈以上将干截去，第二年便可萌发许多幼枝，或将枸杞主根截断，即从截断的主根两端萌发出许多幼枝，截根时间春季最佳。

3. 人工防护林营造技术

（1）造林区域

本区由于特殊气候和地理位置，适宜人工造林的区域较少，主要为小型绿洲及其周围，可结合小城镇建设和农业开发，在绿洲外围营造防风固沙林，绿洲内营造农田防护林，河岸湖泊水渠道路居民区营造护岸护路等防护林。

（2）造林树种

榆树、沙枣、胡杨、梭梭、柠条、怪柳、黑果枸杞、枸杞、沙拐枣、沙蒿等。

（3）造林密度

乔木造林每亩控制在14～48株，灌木造林每亩控制在20～60株，乔灌混交林每亩控制在20～40株。

（4）整地要求

禁止全面整地，实施局部整地。沙土地造林原则上不提前整地，随整地随造林。其他土地类型实施穴状、带状整地，可提前预整地。

（5）造林方法与树种配置

本区适宜植苗灌溉造林，栽植深度大于50cm，造林季节一般为春季造林。树种配置：农田防护林为乔灌型，防风固沙林为灌草型。

极干旱造林区是我国旱区荒沙、荒山、荒地面积分布最广的区域，但由于大部分地区造林需要灌溉，限制了造林绿化的发展。

绿洲农田防护林网、绿洲外围防风固沙林及河湖护岸林的营造，由于农田灌溉及河流对地上和地下水的补给，一般灌溉造林林木成活后，正常情况下不需特殊灌溉，林木可正常生长。经济林造林以及沙漠、戈壁等荒漠地区的特殊造林（公路铁路两侧、油气田周围、矿区），造林绿化要考虑造林后长期灌溉问题，需建立灌溉系统。

鉴于极干旱造林区林木对绿洲保护作用的极端重要性，必须要采取有力措施，经营管护好现有林草植被，营造完善的绿洲防护林体系。一方面，要控制绿洲规模，合理分配水资源，给予足够的生态用水，维持绿洲生态平衡；另一方面，在造林绿化时，要根据水资源供给情况和造林目的需求，选择耗水量小、抗旱性强的树种造林，造林密度以达到设计防护效果的需求即可。

第三章

干旱区造林绿化

一、范 围

干旱造林区包括新疆的准噶尔盆地、塔里木盆地西北部、巴里坤山以北地区、天山东部、昆仑山西部，青藏高原北部，青海的柴达木盆地中部，甘肃的河西走廊，宁夏北部以及内蒙古高原中西部。本区域划分为干旱暖温带造林亚区、干旱中温带造林亚区、干旱高原温带造林亚区和干旱高原亚寒带造林亚区等4个类型亚区。

二、自然概况

干旱区属半荒漠地带，地域辽阔，地貌类型多样，有起伏的高原，矗立的山地，广袤的沙漠、戈壁，大面积发达的农灌区。本区与极干旱区主要区别是降水量相对丰富，天然荒漠、半荒漠灌木林广泛分布，河谷及山地的中山地带分布有天然乔木林。

本区跨度大，跨越暖温带、中温带、高原温带和高原亚寒带4个温度带，气候相对复杂。太阳辐射强，昼夜温差大，夏季干热，冬季寒冷，大风日数多、沙尘暴频发。降水稀少、变化率大，大部分地区年降水量在100~250mm，部分地区可达300mm，降水主要集中在夏季。天然植被以灌木、草本为主，山地、河流两岸分布有乔木树种。

本区冰川、河流及湖泊广泛分布，水资源相对丰富。内陆河流的山前平原及河套平原，贮藏着丰富的地下水资源。除黄河、额尔齐斯河外，其他河流都为内陆河流，多数河流发源于山区，流量稳定，沿途灌溉农田，并渗漏补给地下水，最终消失在沙漠沙地中。黄河流域几大灌区，水资源丰富，地下水位高，可利用量大。由于多数河流丰水季在6~9月的降水集中期，春季枯水季农业集中用水与造林争水矛盾突出。

本区人口分布差异大，农灌区相对密集，水资源供需矛盾突出；高原山区人口虽然稀少，但牧业发达，人为干扰较重，植被退化严重；内陆河流下游河道断流、天然湖泊干涸、河岸林和荒漠灌木林严重退化，土地沙化和盐渍化严重，地下水位下降出现植被死亡现象；黄河沿岸灌区存在土地次生盐渍化现象。

第二节　造林绿化总要求

本区生态状况复杂，生态建设任务十分繁重，林业生态建设以维护绿洲生态安全和保护天然植被为重点，以增加林草资源总量、提高林木生态防护功能为目标，以恢复、保护林草植被为手段，坚持封禁保护优先，先封后植，以灌木为主，乔、灌、草结合，加快生态修复。具体要求包括以下几个方面：

①坚持保护优先，在保护好现有植被和生境的前提下实施人工造林。

②坚持自然修复为主，自然修复与人工促进恢复相结合，封育与人工造林相结合，科学推进植被恢复与重建。

③坚持因地制宜、因水制宜、以水定林，以免灌溉造林为主、灌溉造林为辅，实施节水灌溉，禁止大水漫灌。

④大力提倡灌木造林，推广运用乡土树种。造林以灌木为主，营造乔、灌、草结合的混交林；造林树种以乡土树种为主，选择抗旱性强、耗水量少、耐盐碱、耐沙埋等特性的树种造林。

⑤科学配置林分结构，控制造林密度。农田防护林以疏透结构为主，防风固沙林造林采取合理的乔、灌、草比例和适宜的种植密度配置，保证林木生存和生长最基本的水分条件和生长空间。

⑥合理搭配林种。根据区域自然和社会经济条件，大力营造防护林，适度发展经济林，合理配置农田防护林、防风固沙林、经济林、封沙育林比例，社会效益、生态效益和经济效益兼顾。

⑦保证林业生态用水，人工辅助补偿水分亏缺，并通过集水、蓄水、保墒、闲水利用等措施增加土壤水分，满足林木生存、生长需水量。

第三节　类型亚区造林绿化

一、干旱暖温带造林亚区

（一）自然概况

干旱暖温带造林亚区包括塔里木盆地西北部及天山山脉南坡，地处欧亚大陆深处，气候干燥，降水分布不均，年降水量由西北部天山脚下的 250mm，向东南塔克拉玛干沙漠腹地递减到不足 100mm。本亚区属新疆维吾尔自治区。

水资源主要是西昆仑山及天山冰川融水形成的大小支流，最终汇集到塔里木河干流，这些支流包括和田河下游、叶尔羌河、喀什格尔河、阿克苏河、渭干河及孔雀河等，在河流经过的地区，形成片片绿洲。

区内沙漠、戈壁、绿洲、山地毗连分布，在西昆仑山及天山环绕的塔克拉玛干沙漠西部和北部边缘地区，绿洲广泛分布，人口密集，水资源供需矛盾突出。沿塔里木河流域上游及各支流生态用水供应不足，地下水位下降，造成植被枯死，天然荒漠林面积减少；下游绿洲受到风沙威胁，土地产生盐渍化、沙化；天山南坡山前坡地，植被退化、风蚀、水蚀严重。

（二）技术要求

①以维护绿洲生态安全，建立结构稳定、生态功能强大的防护林体系为目标，按照"网、片、带"、"乔、灌、草"相结合的造林和育林措施，对人工绿洲生态系统进行完善和重建。

②严格保护天然绿洲，防止天然绿洲萎缩，严禁在天然绿洲进行毁林（草）开荒，严格保护地表水和地下水资源。

③合理控制人工绿洲规模，禁止盲目开垦新的农田和增加新的灌溉土地。

④严格控制林果种植面积和种植规模，塔里木河流域及其各支流灌溉绿洲农业区，通过对现有低产、低质林果的改造，发展名特优经济林、特色林果业及药用植物的种植，提高水资源利用产出价值，达到节约水资源、控制栽培规模、提高果品质量、增加收入的目的。

⑤合理分配农林牧用水，保证必要的生态用水，以水定林，实施引洪（闲水）灌溉造林、节水灌溉造林。

⑥荒沙荒山及河流两岸，通过封育保护和人工造林，建立水源涵养林、防风固沙林、河流湖泊护岸林。

⑦本地区适宜封沙育林育草和人工造林，不适宜飞播造林。

（三）技术要点

1. 封育保护

（1）区域及对象

塔克拉玛干沙漠西北部塔里木河及其各支流沿岸、河谷及天山南坡等天然荒漠植被分布区等，是本区封禁保护和封沙育林的主要区域。

①沿塔里木河流域冲洪积平原封育区，封育保护对象主要是分布于该区域的天然乔、灌、草带，主要植物种有胡杨、灰胡杨、沙枣、柽柳和芦苇等。

②塔里木盆地西北部塔克拉玛干沙漠边缘区，封育保护对象主要是分布于该区域的荒漠灌木林及其他半灌木丛，主要植物种类有柽柳、梭梭、沙枣及其他灌木和芦苇，以及塔里木西部特有的喀什木霸王（*Sarcozygium kaschgaricum*）、沙拐枣、红砂灌丛等。

③天山南坡中山区，封育保护对象主要是分布该区的针叶疏林和灌草，主要树种有雪岭云杉、蒿类、猪毛菜等；低山区及洪积扇封育对象主要是灌木、半灌木丛，主要植物种有猪毛菜、泡泡刺、膜果麻黄等。

（2）封育类型及目标

①塔里木盆地东北部沿各河流两岸、谷地，封育类型为乔、灌、草型。经过5～10年的封育后，达到结构合理、生长稳定的乔、灌、草复合型绿洲防护林，封育区植被达到稳定结构的目标盖度为40%～60%。

②河流沿岸外围、绿洲荒漠过渡带，封育类型为灌草型。经过长期封育，使植被得到恢复，盖度有所提高，封育区植被恢复达到稳定结构的目标盖度为25%～30%。

③远离河流、绿洲的荒漠区（塔克拉玛干沙漠），封育类型为灌丛草型。通过建立封禁保护，保护分布在沙漠地下水较浅的沙丘间凹地灌，以及沙漠边缘沙丘与河谷三角洲相会地区的灌草植被，封育区植被恢复达到稳定结构的目标盖度为25%左右。

④天山南坡坡积、洪积扇与沙漠交界的过渡带，封育类型为灌草型，封育区植被达到稳定结构的盖度为25%左右；天山南坡中山，封育类型为乔、灌、草型，封育区植被达到稳定结构的盖度为30%～40%。

（3）方式

荒漠区植被封禁保护区，实施全封。封禁区要建立巡逻管护站点，设立专人管护，实施禁牧、禁伐、禁采，不适合居住的地区实施生态移民。

河流谷地、绿洲、沙地封沙丘陵(山)育林区,实施半封。封育区要建立执法巡查制度,设立专人看护,限牧、禁伐,并实施人工造林,人工促进植被恢复。

(4)辅助措施

一是根据水资源情况合理安排农业用水和生态用水、上游与下游用水,保证一定的生态用水和下游用水,促进河流护岸林、下游绿洲防护林的恢复;二是采取人工措施,对衰败、残次的荒漠天然林进行复壮更新,包括引洪灌溉天然下种、开沟断根萌芽等措施;三是实施人工造林,山坡丘陵采用集雨植苗、直播造林,沙区实施灌溉容器苗造林。

2. 名优经济林营造

(1)适宜区域及树种

塔里木盆地西北部外围山前斜平原及河流两侧各绿洲区,温度适中、光照充足,具有得天独厚的鲜果和干果生长环境。通过建立名特优林果生产基地,既增加林木面积,又提高农民收入。

名特优经济林树种有核桃、枣、杏、石榴、苹果、巴旦杏、扁桃(*Amygdalus communis*)、葡萄、香梨等。

(2)栽培改造技术

一是通过对现有低产、低质经济林改造,提高经济林果品产量和质量,形成具优质高产林果基地。二是在绿洲边缘营造以巴旦杏、枣、核桃等为主的生态经济林基地,使经济林兼顾生态防护作用。

大冠幅(核桃、苹果等)树种栽植密度每亩28～42株,其他每亩54株左右。一般春季栽植,穴状整地,灌溉栽植,覆膜保水。

3. 防护林营造技术

(1)造林林种

绿洲外围及荒漠区营造防风固沙林,绿洲内营造农田防护林网,河岸水渠道路居民区营造护岸林、护路林,山地丘陵营造水源涵养林和水土保持林。

(2)造林树种

防风固沙林:沙枣、胡杨、灰胡杨、锦鸡儿、柽柳、梭梭、白梭梭、沙拐枣等。

农田林网:新疆杨、胡杨、旱柳、刺槐、白榆、槐、沙枣、白蜡等。

(3)造林密度

造林密度应根据造林区域水资源情况及造林树种特性科学设定。绿洲农田防护林、护岸护路林造林密度可大一些，绿洲外围荒漠区、低山丘陵区要小一些。高大乔木造林每亩控制在18~28株，一般乔木造林每亩控制在28~42株，乔灌混交造林每亩控制在40~60株，灌木造林每亩控制在28~70株。

（4）整地要求

禁止全面整地，实施局部整地。沙土地造林原则上不提前整地，随整地随造林。其他土地类型实施穴状、带状等集雨整地，整地时间要在造林的前一个雨季预整地。

（5）造林方法

①绿洲及其边缘地带：主要是围绕对绿洲的保护而采取的营造林措施，从绿洲内到绿洲外围，包括绿洲内农田防护林网营造、绿洲边缘防风阻沙基干林带营造两部分。

——绿洲农田防护林网营造。一般采用植苗造林。按照窄林带、小网格、通风结构设计营造，此结构可连续削减风力，扩大防风效果。主林带间距300m，带宽8m左右。副林带间距500~1000m，带宽5m左右。造林应采用杨树［小叶杨（*Populus simonii*）、小青杨（*Populus pseudo - simonii*）、新疆杨、胡杨等］与沙枣、榆树等混交造林，也可营造核桃、枣生态经济林网。

——绿洲边缘基干林营造。重点在风沙危害较大的风口造林，按照乔灌混交的方式，用耐旱的乔木（榆树、沙枣等）和灌木（沙拐枣、柽柳等）营造防风阻沙林带，外围迎风面为5~6行灌木，后为3~5行乔木。

②绿洲外围防风阻沙灌木林营造：采用植苗、扦插或引洪直播造林。

——在保护好原有天然灌草植被的前提下，在绿洲外围，利用洪水、农闲水灌溉沙地，通过栽植或撒播种子，营造以灌木为主（梭梭、锦鸡儿、柽柳、沙拐枣等）的防风固沙林。

——在水分条件较好的流动沙地上，利用沙柳、柽柳等灌木枝条，截成1m左右的插条，春秋季节实施扦插造林。可带状或网格状扦插，带宽3~4m，网格为2m见方。水分条件较差的沙地，可利用低压水冲扦插造林技术，灌溉扦插造林。

③山前坡地丘陵区：采用容器苗植苗造林。山谷、河流流域区域区利用洪水溢出和洪滞效应，沿沟谷两侧植树种草。

二、干旱中温带造林亚区

（一）自然概况

本区分为西部和东部两个不连续的区域。西部包括准噶尔盆地、吐哈盆地、阿尔泰山南麓、天山东部及其以北区域，东部包括河西走廊、阿拉善中东部、祁连山北坡、贺兰山、阴山山脉西部及其以北、锡林郭勒高原西北部及鄂尔多斯高原。涉及内蒙古、甘肃、宁夏及新疆等省（自治区）。

本区深处大陆内部，降雨量稀少，气候干燥，年降水量100～250mm。区域土壤类型主要有棕钙土、灰漠土、风沙土、灰棕漠土；典型植被为温带草原、温带荒漠草原，天然灌木广泛分布，山地及绿洲分布有大量的天然乔木林和人工林。

本区范围大，地域辽阔，自然条件复杂多样，区域内沙漠、戈壁、绿洲、草原、山地交错分布。有著名的古尔班通古特、巴丹吉林、腾格里、乌兰布和、库布齐等大沙漠，还有北疆绿洲、宁夏平原、内蒙古河套平原、河西走廊等广大的农业灌溉区。该区域农业、畜牧业发达，人口密集。

本区水资源丰富，河流较多。东部的准噶尔盆地三面环山，主要是以冰川融水形成的大小河流，包括额尔齐斯河、乌伦古河干流、精河、玛纳斯河、奎屯河、博尔塔拉河、老龙河、三屯河等。中部的河西走廊主要是发源于祁连山的疏勒河、黑河、石羊河三大内陆河。东部则以黄河水为主要水源，为宁夏平原、内蒙古河套平原输送灌溉用水。

本区人工绿洲外围及内陆河流上游历史上因持续开垦，荒漠植被被砍伐和樵采，水资源供需矛盾突出，天然林破坏、衰败情况严重，绿洲内土壤发生次盐渍化，绿洲周围防护林有死亡现象。草原地区过度放牧导致草场严重退化、土地退化、沙化，风沙危害严重。

（二）技术要求

①保护好天然植被，加大造林力度，因地制宜的实施抗旱集雨造林与灌溉造林，尽可能利用天然降水、农闲水、农灌区排水进行造林，增加乔灌木林总量，改善生态环境。

②通过封育保护、飞播造林、人工造林等手段，营造乔、灌、草相结合的生态林和特色经济林。

③荒漠区及人为破坏严重的绿洲荒漠过渡区，建立封禁保护区，培育防风固沙林。

④绿洲、河流、湖泊周围及山地丘陵区分布的天然乔灌疏林，实施封沙（山）封育，营建绿洲防护林、水源涵养林和水土保持林。

⑤在水分条件较好的沙漠边缘通过飞播造林，建立灌草结合的防风固沙林。

⑥绿洲及其周围建立农田防护林体系，河湖岸边及谷地等营造防风固沙林、

护岸林、护路林。

⑦充分利用绿洲内大面积的盐碱地和次生盐渍化土地实施造林绿化，采取农林复合种植模式栽植耐盐灌木，治理盐碱地，增加林草覆盖面积，改善生态环境。

⑧坚持低密度造林，维持植被长期稳定生长，造林后林木正常生长应主要依靠自然降水或地下水，不应依赖于灌溉。

⑨禁止全面整地，实施局部整地。

（三）技术要点

1. 封育保护

（1）区域

封禁保护区建设主要包括古尔班通古特沙漠、吐哈盆地东南部、巴丹吉林沙漠、腾格里沙漠、库布齐沙漠、乌兰布和沙漠、狼山及其以北地区等。封山育林区主要包括天山东部、祁连山北坡、贺兰山、阿尔泰山西南部等。

（2）封育保护对象及目标

①准噶尔盆地的古尔班通古特沙漠：分布有近1500万亩的梭梭、驼绒藜灌木林，还有沿额尔齐斯河和乌伦古河分布的胡杨林、柽柳林，保护和恢复天然荒漠林，建立北疆绿洲防风固沙林。封育区植被达到稳定结构的目标盖度为30%~35%。

②巴丹吉林沙漠：主要是保护和培育分布在沙漠丘间低地、湖泊周围，以及沙漠外缘固定、半固定沙丘上的灌草植被，保护的主要植物种有沙拐枣、白刺、梭梭、柠条、霸王、白沙蒿（*Artemisia blepharolepis*）、骆驼刺等，封育区植被达到稳定结构的目标盖度为25%左右。

③腾格里沙漠：主要是以沙漠周边的阿拉善左旗、宁夏的中卫、甘肃的民勤三大绿洲与沙漠相连处的灌木林为保护重点区，通过严格封育措施，建立以灌木为主的防风固沙林。保护的主要灌木树种有梭梭、驼绒藜、沙拐枣、花棒（*Hedysarum scoparium*）、柽柳、霸王、沙蒿、白刺。封育区植被达到稳定结构的目标盖度为25%~30%。

④乌兰布和沙漠：一是重点保护分布在沙漠及周边的灌草植被，保护和培育的主要植物种有沙枣、白刺、霸王、沙冬青（*Ammopiptanthus mongolicus*）、沙蒿、柽柳、甘草、沙竹（*Psammochloa mongolica*）等。二是沙漠东南部大面积的流动沙地，重点采取封沙育林措施，封育结合飞播灌草，治理流动沙地，重建灌木林。封育区植被达到稳定结构的目标盖度为30%~40%。

⑤库布齐沙漠：主要保护和培育以沙柳、沙蒿、梭梭、白刺、沙拐枣、绵刺（*Potaninia mongolica*）、柽柳为主的防风固沙林，兼顾发展肉苁蓉（*Cistanches herba*）、锁阳（*Cynomorium songaricum*）等中药材。封育区植被达到稳定结构的目标盖度为30%～40%。

⑥狼山及其以北地区：封育对象主要为梭梭、盐穗木（*Halostachys caspica*）等稀疏灌丛，封育区植被达到稳定结构的目标盖度为25%左右。

⑦天山东部山地、阿勒泰山南坡、祁连山北坡、贺兰山等干旱山区：通过封育，建立针叶、针阔混交、乔灌、灌草等不同类型的水源涵养林和水土保持林，主要包括云杉（*Picea asperata*）、油松（*Pinus tabuliformis*）、杜松（*Juniperus communis*）、山杨（*Populus davidiana*）、灰榆（*Ulmus glaucescens*）、山柳（*Salix pseudotangii*）、锦鸡儿等树种。山顶水源涵养林区植被结构稳定后的目标盖度在60%左右为宜，山坡中部乔灌过渡带为30%～50%，坡麓灌草为20%～30%。

⑧吐哈盆地东南部：通过封育保护，建立沙拐枣、红砂、驼绒藜、圆叶盐爪爪、膜果麻黄、泡泡刺等灌木防风固沙林，封育区植被达到稳定后的目标盖度为25%左右。

（3）方法及类型

对分布于荒漠区域、绿洲外围的重点防风固沙林，建立封禁保护区，实施全面封育，采取严格的管护措施，坚决制止滥樵、滥牧、滥垦等人为干扰活动，有条件地方实施生态移民。

对水源涵养林和水土保持林的封山育林，实施全封与半封和轮封相结合的封育方法。封育初期（前3～5年）采取围栏封育的全面封育方法，防止人畜破坏和干扰；植被得到一定恢复后，可进行人工打草、轮牧等方式加以合理利用。封育区建立巡逻管护站点，设立专人管护。

（4）辅助措施

对大面积的沙漠、戈壁和剥蚀山地，应建立封禁保护区，将分散居住该区域从事牧业的牧民转移出来，通过保护和自然修复，提高植被覆盖，增加灌草面积。

对其他地区，植被盖度在10%～29%的疏林地，如降水或地表、地下水能满足人工造林对水分的要求，封育期可进行人工补植、补播耐旱乔灌木，促进植被恢复，最终达到有林地或灌木林标准。

对植被盖度小于10%、且无灌溉条件的沙漠地段，符合飞播造林降水条件（年降水量大于150mm）的区域，应封育结合飞播造林，采用丸化种子飞播林草或撒播造林，恢复植被。

2. 飞播造林

（1）适宜区域

年降水量 100~200mm 的沙漠边缘地带，主要包括巴丹吉林沙漠东缘、库布齐沙漠、腾格里沙漠南缘、乌兰布和沙漠东南缘的流动沙地和半固定沙地。

（2）适宜飞播树种

以灌木为主，灌草结合。适宜的树种有沙蒿、沙拐枣、花棒、杨柴（*Hedysarum mongolicum*）、小叶锦鸡儿（*Caragana microphylla*）、沙打旺（*Astragalus adsurgens*）等（田永祯等，2010）。

由于本区域受降水量限制，以沙蒿飞播造林效果最佳（表 3-1）。

表 3-1　干旱区沙漠飞播造林适宜植物种

飞播区	适宜飞播植物种	适宜飞播时间
乌兰布和沙漠（吉兰泰）	白沙蒿、花棒、沙拐枣	6 月中下旬
库布齐沙漠	沙蒿、柠条、杨柴、花棒、沙打旺	5 月下旬、6 月上旬

（3）适宜播种时间

除温度外，年降水量的多少、降水时间及分配、降水强度等对飞播成效起着重要作用。播后 2~3d 内要有一场大于 10mm 的有效降雨，其后 2 个月的时间里，每隔 15d 至少有一次不小于 5mm 降水，就可基本上满足飞播成苗和保苗之需。一般符合此条件适宜的播种期选择在 5 月下旬至 7 月初。飞播时应结合中长期的降雨天气预报，即在有中雨或小至中雨的天气过程之前进行飞播为宜。

（4）播区处理

播区一般有植被盖度 5%~10% 最好。如果是无植被的流动沙丘，播前要采取机械固沙等人工处理措施。一般采用在沙丘坡面搭设各种形式的障蔽（如草方格沙障），或组织羊群在坡面上踩踏，改善坡面落种、播种条件。

（5）树种配置及播种量

一般采用混播方式，如灌灌型（如花棒或杨柴与白沙蒿混播）、灌草型（如白沙蒿与沙打旺混播），播种量一般每亩 0.5~0.6kg。

（6）种子处理

采用环境良好的黏合剂、有机和无机微肥、保水剂、无机矿物质和植物纤维素等材料对种子进行丸化处理，使其能在飞播后稳定着地、吸水膨胀、快速发芽。种子丸化处理具有壮苗、抗旱、保水的功能，从而提高种子的发芽率和存活率。

（7）管护措施

沙区飞播造林要结合封沙育林育草，实施全面严格的保护措施，特别是飞播后的前3年，禁止放牧和一切人为活动，并根据出苗和成苗情况，对缺苗、少苗区进行补播。

3. 人工防护林营造

沙漠、沙地造林要结合机械固沙，植苗或直播沙生、旱生树种，采用丘间集水、堆雪融渗、深栽等集水抗旱措施造林。

浅山坡地丘陵区要实施集雨整地、抗旱保苗措施造林。

绿洲农田林网及河岸谷地造林，要充分利用水资源的优势，实施灌溉造林。

（1）造林林种

人工造林主要包括：风沙区营造防风固沙林，绿洲营造农田防护林，河岸水渠道路居民区营造护岸护路防护林，山地丘陵区营造水源涵养林和水土保持林。

（2）造林树种

①准噶尔盆地：

——沙荒地防风固沙林：白榆、沙枣、胡杨、柽柳、梭梭、枸杞、樟子松（*Pinus sylvestris* var. *mongolica*）、黄柳（*Salix gordejevii*）、柠条、沙棘等。

——绿洲农田防护林：新疆杨、俄罗斯杨（*Populus russkii*）、银白杨（*Populus alba*）、箭杆杨（*Populus nigra* var. *thevestina*）、胡杨、旱柳、刺槐、白榆、沙枣、白蜡、樟子松等。

②东天山及巴里坤盆地：

——荒山荒地水土保持林：天山云杉（*Picea schrenkiana*）、山楂（*Crataegus pinnatifida*）、白榆、天山桦（*Betula tianschanica*）、沙枣、沙棘、樟子松、柽柳、梭梭。

——沙区防风固沙林：沙枣、胡杨、梭梭、锦鸡儿、柽柳、沙拐枣、沙棘等。

——绿洲防护林：新疆杨、俄罗斯杨、胡杨、旱柳、刺槐、白榆、沙枣、白蜡等。

③河西走廊及祁连山北坡：

——祁连山北坡水源涵养林：青海云杉（*Picea crassifolia*）、柽柳、山桃（*Prunus davidiana*）、榆树、山杏（*Armeniaca sibirica*）、柠条、沙棘、小檗（*Ber-*

beris thunbergii）、祁连圆柏、高山柳（Salix cupularis）、金缕梅（Hamamelis mollis）等。

——河西走廊荒漠区固沙林：花棒、柠条、梭梭、罗布麻、多枝柽柳（Tamarix ramosissima）等。

——绿洲防护林：杨树［二白杨（Populus gansuensis）、新疆杨、银白杨、箭杆杨、毛白杨（Populus tomentosa）、胡杨、小叶杨］、柽柳、榆树、沙枣、白蜡、沙棘、臭椿（Ailanthus altissima）、旱柳、垂柳（Salix babylonica）、栾树（Koelreuteria paniculata）、槐、紫穗槐（Amorpha fruticosa）、刺槐、花棒、柠条、樟子松、青海云杉等。

④阿拉善及鄂尔多斯高原：

——荒漠区防风固沙林：梭梭、沙拐枣、油蒿（Artemisia ordosica）、白沙蒿、杨柴、花棒、沙地柏（Sabina vulgaris）、沙柳、柠条、乌柳（Salix cheilophila）、沙棘、柴穗槐、樟子松、旱柳、胡杨等。

——绿洲防护林（河套灌区）：新疆杨、银白杨、箭杆杨、毛白杨、胡杨、小叶杨、柽柳、榆树、沙枣、白蜡、沙棘、旱柳、花棒、锦鸡儿。

——山地丘陵（贺兰山）水源涵养林：青海云杉、油松、侧柏（Platycladus orientalis）、沙棘、山杏、辽东栎（Quercus wutaishansea）、山桃、榆树、锦鸡儿等。

（3）造林密度

高大乔木造林每亩控制在14~28株，一般乔木造林每亩控制在28~42株。灌木树种造林，沙漠（古尔班通古特沙漠、腾格里沙漠梭梭重点造林区）每亩控制在42株左右，其他地区灌木造林每亩控制在42~60株之间。

如果考虑到造林后10~20年期间有一次疏伐抚育，可适当提高初植密度，有利于造林初期苗木的生长。乔木树种初植密度可提高到每亩60~70株，灌木树种初植密度可提高到每亩90~110株。

（4）树种配置

①防风固沙林和水土保持林营造：在河湖岸边、山地阴坡等条件较好的地区，乔、灌、草混交，可团状、块状混交；山前坡地、沙地、盐碱地等，实施灌草混交，可带状、行间混交。

②农田防护林（河套灌区、河西绿洲）营造：绿洲内按照水、田、林、路统一规划，实施窄林带小网格设计，充分利用田边空地，结合路、渠、埂，形成防护网络。主林带间距300m，副林带间距500m，林带宽5~8m。针阔混交，

乔、灌、草物种搭配，提高林网物种多样性和结构多样性，实现林网在时间、空间上持续最佳的立体结构，增强防护稳定性。

③绿洲外围防风阻沙防护林营造：用耐旱的乔木与灌木营造乔灌混交林，外围迎风面为2~3行灌木，后为3~5行乔木。

（5）整地要求

采取穴状、鱼鳞坑、带状集雨整地方式，提前一个雨季或一年整地。沙土地造林原则上不提前整地，随整地随造林。

（6）造林方法及时间

①植苗造林：本区无灌溉条件下适宜营造灌木林，水资源条件允许的地方进行乔木灌溉造林。栽植深度大于0.5m，乔木灌溉造林一般在春季进行，无灌溉灌木造林在春季、雨季和秋季均可。

②直播造林：春季灌溉直播造林，雨季灌木直播造林，秋季大粒种子直播造林。

4. 生态经济林营造

（1）区域及树种

北疆绿洲、河西走廊、内蒙古河套、宁夏平原等地，具有培育兼有生态防护功能的经济林条件，通过建立果园、农田村落周边种植生态经济林，既可起到生态防护功能，又可增加农民收入。

河西走廊绿洲区：核桃、苹果、枣、杏、苹果梨（*Pyrus bretschnelderi*）、山楂、葡萄等。祁连山北坡可人工栽培沙棘、小檗等。

河套灌区：苹果、苹果梨、沙枣、沙棘、梨等。

准噶尔南缘灌区：黑加仑（*Ribes nigrum*）、李子（*Prunus salicina*）、苹果、海棠（*Malus spp.*）、文冠果（*Xanthoceras sorbifolium*）、黑胡桃（*Juglans nigra*）等。

古尔班通古特沙漠、巴丹吉林沙漠、腾格里沙漠、库布齐沙漠、乌兰布和沙漠，建立以梭梭+肉苁蓉、白刺+锁阳的生态经济林。

宁夏平原和内蒙古河套平原黄河灌区，过去由于大水漫灌和排水不畅，由此产生的大面积次生盐渍化土地，适宜发展枸杞经济林。

（2）栽培技术

营造果品类经济林，要按照精细整地、良种壮苗、灌水定植、覆盖保水（覆膜）程序实施栽培，造林密度高大冠幅树种每亩28~42株，小冠幅树种每亩42~56株。

三、干旱高原温带造林亚区

(一) 自然情况

干旱高原温带造林亚区包括阿里山地、昆仑山西段、柴达木盆地中东部到祁连山西部4个不相连接区域，涉及西藏、甘肃、新疆、青海等省(自治区)。

区本主要为高原干旱荒漠区，干旱少雨、海拔高、植被稀疏、人口稀少。大部分区域年降水量100～250mm，个别区域达300mm。土壤类型主要有寒钙土、棕钙土、寒冻土、冷钙土、灰棕漠土、盐土，植被类型为温带荒漠草原。

阿里山地区域包括冈底斯山、雅鲁藏布江上游、日喀则地区南部、阿里地区西部的象泉河流域、孔雀河流域和狮泉河流域。该区域湖泊、河流、谷地、山间盆地、平顶低山、高山、冰川广泛分布，海拔一般在4500～6000m，除山地阴坡分布有小面积的冷杉(Abies fabri)乔木林外，大部分区域为荒漠灌丛草原，河川谷地分布有锦鸡儿和驼绒藜灌木林，草本植物主要为紫花针茅。

昆仑山西段山地的北坡为山地荒漠和高寒荒漠景观，从海拔低于2700m的潜山到海拔5500m以上的高山，植被类型依次分布为：以红砂与合头草为主的荒漠植被、以昆仑蒿(Artemisia nanschanica)为主的草原化荒漠植被、由紫花针茅和小片雪岭云杉林组成的山地森林草原、以膜果麻黄为主的灌木荒漠以及高寒稀疏植被和高山冰雪带。

柴达木盆地中东部区域除柴达木盆地主体部分外，还包括祁连山西部和昆仑山东端。柴达木盆地植被以荒漠灌木、半灌木为主，有黑果枸杞、膜果麻黄、梭梭、猪毛菜、盐爪爪、合头草、驼绒藜、白刺、柽柳、红砂、芦苇等。祁连山西部植被主要为云杉、山杨等乔木林，以及小檗、沙棘、高山柳等为主的灌木林。昆仑山东部山地北坡为荒漠化草原，在海拔3600m以下沟坡及岩屑上有散生垫状驼绒藜、红砂、合头草、猪毛菜等荒漠灌木。

昆仑山是塔里木盆地和柴达木盆地水资源的主要来源，主要由积雪和冰川供水，60%～80%的流量出现于夏季，冰雪的强烈融化与最大降水结合在一起，形成季节性河流流入周围盆地。祁连山西段则是河西走廊西部的水源供给地，主要是由降水和融雪形成的内陆河流(党河、疏勒河)，为流域各绿洲提供地表水和补给地下水。昆仑山西段叶尔羌河和喀什噶尔河为塔里木盆地输送水源。

本区主要由于历史上过度放牧、樵采等原因，灌木植被遭到破坏，植被覆盖度低，水土流失、风沙危害严重，立地条件差，植被恢复难度大。

（二）技术要求

①通过封育保护、人工辅助造林等手段，建立以灌木林为主，乔、灌、草相结合的防风固沙林、水源涵养林、水土保持林等防护林，增加林草植被盖度，遏制土地退化和沙化。

②荒漠区应建立封禁保护区，保护、育林与造林相结合，封、造、管结合，多林种多树种结合。

③在河流、湖泊、绿洲周围，通过封育管护和人工辅助造林，建立河流湖泊护岸林、防风固沙林、绿洲防护林。

④高原和山地实施封山育林营建水源涵养林，低山地区通过人工造林营建水土保持林。

⑤绿洲盐碱地营造以枸杞、黑果枸杞为主的经济防护林。

⑥本地区适宜封禁保护区建设、封沙育林育草、人工造林种草，不适宜飞播造林。

⑦实施局部整地，禁止全面整地，沙土地不提前整地。

（三）技术要点

1. 封育保护

（1）适宜的区域

阿里山地、昆仑山西段和东段、柴达木盆地中东部、祁连山西部等。

（2）对象及目标

①柴达木盆地中东部风沙育林区：封育保护主要为防风固沙灌木林，保护的主要树种有胡杨、黑果枸杞、梭梭、膜果麻黄、柽柳、盐爪爪、白刺等，伴有红砂、驼绒藜、芦苇等。绿洲周围及低洼滩地，封育植被达到稳定结构的目标盖度为30%~40%；绿洲外围及荒漠区，封育区植被达到稳定结构的目标盖度为25%左右。

本区域要特别保护柴达木盆地我国最大面积的野生黑果枸杞灌木林，通过建立沙化土地封禁保护区，严禁采挖、野蛮采果等破坏性人为活动。

②阿里山地的象泉河流域、孔雀河流域和狮泉河流域的河床滩地：重点保护以锦鸡儿和驼绒藜为主的灌木防风固沙林，伴有针茅（*Stipa capillata*）草本植物。封育区植被达到稳定结构的目标盖度为25%~30%。

③昆仑山东部山地北坡：重点保护以驼绒藜、红砂、合头草、猪毛菜等为主的荒漠灌木防风固沙林，封育区植被达到稳定结构的目标盖度为25%左右。

④祁连山西部：重点保护以云杉、山杨、小檗、沙棘、高山柳为主的乔灌

水源涵养林灌木林。山上针阔混交林封育区，封育区植被达到稳定结构的目标盖度为40%～50%，中部灌木林为30%～40%，下部灌草为25%～30%。

⑤昆仑山西段区域：重点保护以云杉、紫花针茅、银穗羊茅（*Festuca kryloviana*）为主的山地森林草原水源涵养林，伴有红砂、雌雄麻黄（*Ephedra fedtschenkoae*）等灌木种。封育区植被达到稳定结构的目标盖度为：山下25%左右、中部30%左右、上部40%左右。

（3）封育方式

荒漠区防风固沙林：建立荒漠植被封禁保护区，实施全封，防止樵采、放牧。丘陵山地水源涵养林：建立水源涵养保护区和封山育林区，实施半封、轮封，防止放牧、樵采。

（4）辅助措施

封禁保护区应建立巡逻管护站点，设立专人管护，不适合居住的地区实施生态移民，并通过人工造林促进植被恢复。水源涵养林区应实施封山育林，建立执法巡查制度，并通过人工辅助造林，促进植被恢复。

2. 人工防护林营造技术

本区人工造林以营造防风固沙林、水源涵养林为主，采用无灌溉灌木造林，有条件的地方可进行灌溉造林。

（1）造林林种

防风固沙林、农田防护林、河岸水渠道路居民区防护林、水源涵养林。

（2）造林树种

①防风固沙林：榆树、沙枣、胡杨、灰胡杨、梭梭、锦鸡儿、柽柳、沙拐枣等。

②农田防护林：榆树、沙枣、胡杨、旱柳、刺槐、槐、白蜡、沙棘、小檗等。

③水源涵养林：祁连山西部有青海云杉、山杨、榆树、沙枣、高山柳、柽柳。西藏的阿里山河川区有藏川杨（*Populus szechuanica* var. *tibetica*）、长蕊柳（*Salix longistamina*）、班公柳（*Salix bangongensis*）、沙棘、蔷薇（*Rosa multiflora*）、水柏枝（*Myricaria bracteata*）、锦鸡儿。

（3）造林密度及树种搭配

造林密度。山区及绿洲造林，高大乔木树种每亩控制在14～28株，一般乔木树种每亩控制在28～60株，灌木每亩控制在42～75株；荒漠区造林，灌木每亩控制在 48 株。

树种配置。农田防护林为乔灌型，防风固沙林及水源涵养林为灌草型。一般乔、灌、草搭配比例为 5:3:2，阴坡应加大针叶树比例，阳坡应加大灌木树种比例，混交方式主要以块状为主。绿洲农田防护林实施针阔混交，混交方式为带状混交。

（4）整地要求

柴达木盆地营造防风固沙林一般不提前整地，随整地随造林。其他土地类型实施穴状，山坡地带状集雨整地。整地一般在前一年的雨季进行，在水蚀、风蚀严重地区采取鱼鳞坑整地，平缓坡地带可采取带状水平沟整地

（5）造林方法及时间

本区大多数区域适宜无灌溉造林，绿洲水资源条件允许的地方进行灌溉造林；栽植深度大于 50cm；造林季节一般为春季、秋季造林。

3. 生态经济林营造技术

柴达木盆地中部绿洲轻度盐渍化土地以及农耕地的地埂、村旁路旁、水渠两侧、绿洲边缘等，具有灌溉条件的地方，种植以枸杞、黑果枸杞为主的生态经济林，既可起到防护作用，又可获得一定的经济收益。

枸杞种植方式按照宽行距（4～5m）带状栽植，每亩 56～110 株为宜。黑果枸杞按照每亩 110 株栽培为宜。

四、干旱高原亚寒带造林亚区

（一）自然情况

干旱高原亚寒带造林亚区西起新疆的昆仑山与喀喇昆仑山汇合处，东至青海的布尔汗布达山，中间包括阿克赛钦地区、羌塘高原大部、库木库里盆地、昆仑山南麓和东部。涉及青海、西藏、新疆等省（自治区）。区域土壤类型主要有寒钙土、寒冻土、草甸土、荒漠土、沼泽土等。植被以高寒草原、草甸草原为代表。

本区大部分地处我国青藏高原，海拔高、植被稀疏、人口稀少。受来自印度洋水汽转弱的影响，气候寒冷、干旱，年降水量相对较多，为 200～300mm，降水量各地差别较大，总趋势由东南向西北递减。区域内高山、高原、湖泊、荒漠广泛分布。藏北高原海拔均在 5000m 以上，其上广泛分布相对高差 500m 左右的低山丘陵，有些相对高度超过 1000m；昆仑山南麓和东部，高山荒漠与高大山峰交错分布。本亚区大部分地区由于干旱、过度放牧、鼠害等原因，土

壤沙化、植被退化、风沙危害严重。

本区昆仑山及其以南藏北高原的羌塘国家级自然保护区和阿尔金山国家级自然保护区，植被类型为矮灌木荒漠草原和草甸草原，主要植物种有针茅、苔草（*Carex tristachya*）、垫状驼绒藜等。昆仑山东段的布尔汗布达山，自下而上，依次为荒漠草原、亚高山草原和高山草甸，主要植物种有垫状驼绒藜、红砂、合头草、针茅、高山蒿草（*Kobresia pygmaea*）等。库木库里盆地是东昆仑山内部最大的一个高原内陆封闭性盆地，植被为典型的高寒荒漠草原，以紫花针茅、苔草、芨芨草（*Achnatherum splendens*）、燕麦（*Avena sativa*）、棘豆（*Oxytropis humifusa*）、点地梅（*Androsace umbellata*）、驼绒藜等为主。

羌塘高原河流众多，均为内流河，主要有扎加藏布、扎根藏布、波曲、永珠藏布、波仓藏布、江爱藏布、措勤藏布、毕多藏布、阿毛藏布和麻嘎藏布等河流，多为季节性河流，较大河流主要分布在南部及四周。区域内湖泊众多，面积超过 $5km^2$ 的湖泊达 300 多个，较大的有昂拉仁错、仁青休布错、塔诺错、帕龙错等。发源于布尔汗布达山的柴达木河、格尔木河，冰雪融水流入柴达木盆地。库木库里盆地水资源主要是祁曼塔格山和阿尔喀塔格山的冰川和积雪融水、大气降水形成的大小内河流，汇入盆地，形成包括阿牙克库木湖和阿其克湖的多个湖泊。

（二）技术要求

①荒漠区要采取封育保护措施，结合人工辅助造林，营建以灌木林为主，乔、灌、草相结合的防风固沙林、水源涵养林。

②高原和山地要实行封禁保护，营建水源涵养林和水土保持林。

③河岸河滩、道路村旁通过人工造林营建防风固沙林、护岸护路林。

④库木库里盆地，通过实施沙化土地封禁保护区建设，营建灌草结合的防风固沙林。

⑤禁止全面整地，实施局部整地，保护好原有植被和自然生境。

⑥本地区适宜封沙育林育草，人工灌木树种造林。不宜飞播造林和乔木树种造林。

（三）技术要点

1. 封育保护

（1）对象、区域及目标

布尔汗布达山区域：以垫状驼绒藜、红砂、合头草、针茅、小蒿草等为主要封育目的树种。中上部为水源涵养林，封育后植被达到稳定结构的目标盖度为20%~30%；山下水土保持林为10%~20%。

羌塘高原地区：对沙化较为严重的土地实施封沙育林育草，通过围封结合人工辅助造林，使植被得到恢复。植被达到稳定结构的目标盖度为40%左右。

库木库里盆地：主要是对库木库里沙漠分布的驼绒藜半灌木植被，针对不同区域植被破坏程度，实施限牧、轮牧和禁牧，人工促进自然恢复。植被达到稳定结构的目标盖度为30%左右。

（2）方式

城镇周围、景区附近、重要公路两旁等生态重点区和水土流失严重地区，以及恢复森林植被较困难的其他封育区，实行全封。在实行全封的地段，严禁牛羊进入和人为破坏。有一定目的树种、生长良好、林木盖度较大且森林资源较多、离村庄较近的区域，采用半封方式，即在封育期间，林木生长季节实施禁止放牧，其他季节可进行放牧、割草等生产活动。

（3）辅助措施

在灌溉条件较差、坡度较大、易引起水土流失的封育区，采取直播方式，补播灌木树种；在具备植苗造林条件封育区内，补植灌木或半乔木树种。

2. 防护林营造技术

本区由于受高原自然环境的限制，人工造林一般采用无灌溉造林，有灌溉条件的绿洲、河滩地可进行灌溉造林。

（1）造林林种

风沙危害区营造防风固沙林，山地丘陵区营造水源涵养林和薪炭林。

（2）造林树种

羌塘高原南部地区防风固沙林：西藏沙棘（*Hippophae thibetana*）、水柏枝、锦鸡儿等。布尔汗布达山水源涵养林：祁连圆柏、锦鸡儿等。

（3）造林密度

本区域一般为灌木造林，水源涵养林造林每亩控制在56~75株，防风固沙林每亩控制在42株左右。

（4）整地要求

防风固沙林原则不提前整地，随整地随造林。其他土地类型实施穴状、带状集雨整地。

（5）造林方法

植苗造林适宜无灌溉春季深栽造林，栽植深度大于50cm；雨季适宜直播灌木树种造林。由于冬季寒冷，易发生冻拔，不宜秋季造林。

干旱造林区是我国旱区可实施人工造林面积最大的区域，也是今后我国造林绿化最有潜力的地区。该区域虽然受降水量的限制，造林主要以灌木树种为主，但少数地下水位高、有灌溉条件的地区可采用耐旱的乔木、半乔木造林。造林时应控制造林密度，实施低密度造林，即宽行距、小株距，造林后只要加强管护和抚育管理，在雨养条件下都可成林和正常生长。

干旱造林区的造林绿化，一定要采取集雨整地、蓄水保墒措施，另外要根据当地气候和水文条件，造林要避开枯水年和枯水季，在丰水年和丰水季节造林。

在树种配置上，以耐旱的乔木、半乔木、灌木为主，深根与浅根树种结合的混交林为宜，立地条件较差的困难地（石质山阳坡、流动沙丘），以营造灌木疏林为主，灌草结合。

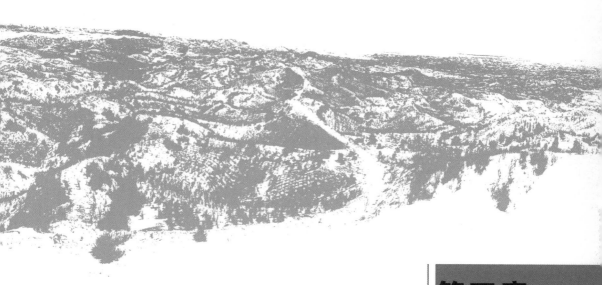

第四章

半干旱区造林绿化

第一节 基本情况

一、范 围

半干旱造林区指干燥度介于1.5～3.5之间的地区，范围包括海拉尔－齐齐哈尔－大兴安岭东麓－燕山－太行山－陕北－甘宁南部－青藏高原南部一线以西，锡林郭勒－呼和浩特－贺兰山－日月山－西藏仲巴一线以东的广大地区，此外，新疆北部天山山脉北麓、阿尔泰山脉、准噶尔盆地西部、河北南部和鲁豫北部的部分地区、川西与云南交界的局部地区也属半干旱区。本区大部分地区处于我国第二级阶梯向第一级阶梯和第三级阶梯过渡地带。本区划分为半干旱暖温带造林亚区、半干旱中温带造林亚区、半干旱高原温带造林亚区和半干旱高原亚寒带造林亚区等4个造林类型亚区。

二、自然概况

本区大部分地区受季风气候影响，四季分明。半干旱暖温带和半干旱中温带造林亚区受东亚季风影响，具有冬寒夏暖，春、秋温度升降急骤等特点。本区大多数地区降水量在300～500mm之间，局地可达600mm，变化率大、分配不均；日照充足，年、日温差大，多风沙。半干旱高原温带和半干旱高原亚寒带造林亚区受高原季风、西南季风影响，形成独特的高原气候，具有空气稀薄、气压低、含氧量少、光照充足、辐射量大、气温低、温度年变化小、日变化大、干湿季分明、干季多大风等特点。

本区主要为我国农牧交错区，黄土高原、四大沙地(呼伦贝尔、科尔沁、浑善达克、毛乌素)分布其中，易受极端气候和人为活动干扰，土地退化、沙化、盐渍化严重，生态环境脆弱，自然灾害频繁，干旱、暴雨、多风等极端气候频发，引起土壤风蚀和水蚀。

本区人口密集，水资源相对丰富，河流、湖泊分布密集，农牧业发达，荒沙、荒地分布广，可实施造林绿化土地面积大，立地条件复杂多样。本区农牧业用地与林业用地矛盾、农业及工业用水与生态（林业）用水矛盾比较突出。造林绿化的主要任务是：一要大力推进退耕还林、治沙造林和水土流失治理；二要保护好现有天然林和人工林，巩固已有生态建设成果。

第二节　造林绿化总要求

半干旱区水热条件相对较好，造林绿化要充分利用天然降水，实施雨养造林。造林绿化要坚持生态效益与经济效益相结合，在营造生态林的同时适度发展经济林，提高农牧民收入。

①坚持自然修复为主，人工造林与自然修复相结合，在保护好原有植被的前提下实施人工造林。

②根据气候、土壤和社会经济条件，科学合理地确定造林绿化林种结构、树种结构、林分结构。

③充分利用本区降水量相对较多、生态修复功能强的优势，优先实施封山（沙）育林，促进植被自然恢复。

④实施集雨保水造林，充分利用天然降水进行无灌溉造林。

⑤坚持生态效益优先，坚持以营造生态林为主，生态、经济和社会效益兼顾，积极发展特色经济林，稳步推进绿色沙产业。选择高观赏价值和较高经济价值的树种栽植，使生态建设成为美丽景观和农民增收的有效途径。

⑥依托重大林业生态工程建设，实施多种形式的造林绿化，封山（沙）育林与人工造林相结合，封禁保护与合理利用相结合，人工造林与工程措施相结合，林业措施与水保措施、农业措施相结合。

第三节　类型亚区造林绿化

一、半干旱暖温带造林亚区

（一）自然概况

半干旱暖温带造林亚区包括华北平原北部、津冀鲁滨海平原、燕山－太行山－吕梁山山脉、汾渭谷地和黄土高原北部地区。本区受东亚季风控制，属大陆性季风气候，四季分明，雨量集中，但变率大，降水由东向西依次减少，其中华北平原北部、燕山－太行山－吕梁山山脉、汾渭谷地的年降水量400～600mm，黄土高原地区年降水量400～500mm。本区涉及北京、河北、山西、河南、山东、陕西、甘肃、青海、宁夏等省（自治区、直辖市）。

本区盐碱滩地、肥沃平原（耕地）、山地丘陵、黄土沟壑依次分布，区域内土壤主要以栗钙土、垆土、黄绵土、潮土、褐土、灰钙土、盐碱土为主。植被类型多样，有针叶林、针阔混交林、阔叶林、沙地疏林及灌丛等森林植被。山区森林覆盖率高、生长良好。区域内可造林的荒山、荒地、荒沙面积小。

本区由于受人为干扰和气候影响，森林植被类型多，分布不连续。北部农牧交错区，过牧、开垦较严重。华北平原区存在干旱、洪涝、土壤盐渍化等自然灾害以及地下水位下降的威胁。黄土高原区的水土流失对区域生态、经济、社会可持续发展造成一定的威胁。晋北、陕北、宁中等地区是北方地区主要沙尘源之一。

（二）技术要求

①以防止水土流失和构建生态优美的宜居环境为重点，通过封山（沙）育林（草）、退耕还林（草）、人工荒山荒地造林种草等多种方式，营造防风固沙林、水土保持林等防护林，恢复和增加林草植被，遏制水土流失。在条件适宜区，发展特色经济林和林下经济，稳步推进沙产业，发展地方经济，增加农牧民收入。

②华北平原及盐碱滩地，应充分挖掘河道两侧、沟、路、渠、低洼地以及荒山荒滩等宜林地造林潜力，选用适宜造林模式，增加森林资源。以建设景观生态林、农田防护林、经济林为目标，以发挥保障农业生产、增加碳汇、防风固土、滞尘降噪和保护生物多样性等生态功能为目的，兼顾丰富景观、美化环境、创造宜居环境、满足休闲健身等社会需求。

③黄土高原水土流失区，以小流域为单元综合规划，建立以生态林为主，生态林与经济林并存的林业生态体系。通过封山育林与人工造林，乔、灌、草相结合，营建各类生态林；在条件较好的沟底、坡面中下部，适度发展经济林，实现生态建设与脱贫致富相结合的林业可持续发展目标。

④燕山－太行山－吕梁山山脉区，要以营造质量高、生态功能强的山区防护林体系为目标，以实现山区森林资源总量的快速增长、推进山区生态改善、减轻风沙危害和水土流失、增加当地群众收入为目的，同时发挥森林固碳释氧、净化空气、美化山区景观的作用，促进山区森林旅游业发展。

⑤本亚区适宜封山(沙)育林育草、封禁保护和人工造林种草。

(三)技术要点

1. 华北平原及滨海盐碱滩地

结合城镇化建设和新农村建设,营造景观生态林、农田防护林和经济林。造林方式主要是人工造林,对特种用途林要实施抚育保护。

(1)造林林种

①在距离城镇村庄较远的沙荒地、主要道路、河流等,营造用材林、防风固沙林、农田防护林,防风固沙、保护农田、降尘静噪和保护生物多样性。

②在村镇周边以及主要河流附近等人易于到达的区域,营造护路护岸林、景观生态林,以丰富景观、美化环境。

③条件适宜的地区发展特色经济林。山西、陕西沿黄河流域适宜发展枣等经济林,京冀西北适宜发展葡萄、板栗(*Castanea mollissima*)、核桃等经济林。

(2)造林树种

①生态林树种:

常绿乔木:油松、白皮松(*Pinus bungeana*)、华山松(*Pinus armandii*)、侧柏、樟子松、云杉、雪松(*Cedrus deodara*)等。

落叶乔木:槐、白桦(*Betula platyphylla*)、栎类(*Quercus* spp.)、杨树、柳树(*Salix* spp.)、白榆、刺槐、栾树、元宝枫(*Acer truncatum*)、银杏(*Ginkgo biloba*)、白蜡、臭椿、丝绵木(*Euonymus maackii*)、楸树(*Catalpa bungei*)、皂荚(*Gleditsia sinensis*)、合欢(*Albizia julibrissin*)、黄连木(*Pistacia chinensis*)、朴树(*Celtis chinensis*)、黑枣(*Diospyros lotus*)、杜梨(*Pyrus betulifolia*)、柿树(*Diospyros kaki*)、构树(*Broussonetia papyrifera*)等。

小乔木及灌木:海棠、金叶榆(*Ulmus pumila*)、黄栌(*Cotinus coggygria*)、紫叶李(*Prunus cerasifera*)、文冠果、山桃、山杏、丁香(*Syringa oblata*)、沙地柏、紫穗槐、木槿(*Hibiscus syriacus*)、金银木(*Lonicera maackii*)、沙棘、珍珠梅(*Sorbaria sorbifolia*)、榆叶梅(*Amygdalus triloba*)、紫荆(*Cercis chinensis*)、紫薇(*Lagerstroemia indica*)、红瑞木(*Swida alba*)、黄杨(*Buxus sinica*)、胡枝子(*Lespedeza bicolor*)、柽柳等。

②经济林:核桃、柿子(*Diospyros kaki*)、樱桃(*Cerasus pseudocerasus*)、苹果、梨、桃、杏、葡萄等。

(3)造林密度

本区域立地条件较好,降水相对较多,地表水相对丰富,可按照成林后郁闭度 0.6 或乔灌木综合盖度可达到 70% 来确定初植密度。高大乔木每亩28～60 株，一般乔木每亩 42～75 株，灌木每亩 42～110 株，乔灌混交林每亩 60 株左右。

在具有经营条件的情况下，人工造林要分别考虑造林初始密度和不同生长阶段的经营密度，通过对不同生长期人工林密度控制，使人工林能长期稳定生长，持续地发挥其最佳生态防护功能。此时造林初始密度可大一些，有利于造林初期林木的生长。部分树种造林密度参照表4-1 至表4-3。

经济林造林密度，高大乔木树种（核桃）每亩 18～30 株，其他树种每亩 60 株左右。

表 4-1　乔木树种造林及经营密度（以杨树为例）

造林后林龄段（年）	0～10	11～20	21～30
密度（株/亩）	110	55	28

表 4-2　小冠幅灌木树种造林及经营密度（以锦鸡儿、沙柳为例）

造林后林龄段（年）	0～5	6～10（期间平茬一次）	＞10
小冠幅灌木（株/亩）	150～100	100～80	56

表 4-3　大冠幅灌木树种造林及经营密度（以山杏、沙棘、文冠果为例）

造林后林龄段（年）	0～5	6～10	＞10
小冠幅灌木（株/亩）	110～80	80～50	40

（4）树种配置

生态林不提倡造纯林，应以带状混交或块状混交的栽植方式营造混交林。要实施乔灌结合，营造复层、异龄、针阔混交林，以形成树种丰富、结构合理、稳定健康的近自然森林生态系统。

①块状混交：单一乔木树种种植斑块不超过 20 亩，两个斑块之间自然镶嵌。

②带状混交：单一树种带宽不低于 3 行形成一带，与另一个树种构成的带依次配置，可与块状混交镶嵌搭配。

③自然式组团：各树种以不规则斑块自由深度镶嵌，注重各树种斑块的差异搭配和季相变化。

（5）整地方法

采用穴状或带状集雨整地，造林前一年或前一个雨季进行。人工或机械整挖坑或开沟，设置集雨面（参见集雨整地技术）。乔木种植穴直径和深度均为0.6m；灌木种植穴直径和深度均为0.4m。

（6）造林季节和造林方法

平原区以春季造林为主，春季造林应在萌芽前完成栽植工作，原则上3月中旬至5月上旬为宜；雨季造林应带土球或容器苗栽植；秋季造林应在树木休眠期后土壤封冻前进行。

造林方法主要以植苗造林为主，也可根据树种特性和立地条件，采用直播造林。雨季适宜于小粒种子播种造林，秋季适宜于大粒、硬壳、休眠期长的种子播种造林。

2. 黄土高原区

本区地形破碎、沟谷交错、黄土梁峁连绵、沟坡陡峻，水土流失比较严重，是黄河泥沙来源的主要地区。本区域以小流域为单位综合规划，建立以水土保持林为主，生态林与经济林并存的林业生态体系（程积民，1995）。

造林绿化方式主要包括人工造林和封山育林两种方式。高原区造林绿化应考虑适当的草本比例，给予畜牧业一定的牧草收获，才能有效地巩固造林绿化成果。

（1）人工造林

在黄土高原的荒山荒坡上造林，通过优化乔、灌、草立体配置类型，形成结构稳定、盖度适中的水土保持林。条件适宜的地区适度发展经济林。

①造林林种：

——水源涵养林：黄土高原区水土条件适中、植被生长适宜度较高的地区，营造以乔木林为主、乔、灌、草结合的水源涵养林。

——水土保持林：黄土沟壑区，以梁峁、侵蚀沟和河流沿岸为重点，对水土流失严重，水分、土壤条件差的地方，营造以灌木林为主、灌草结合的水土保持林。

——经济林：退耕地、沟底、坡面中下部水土条件较好的地方，适度发展经济林。

②造林树种：

——生态乔木林：油松、樟子松、侧柏、华北落叶松（*Larix principis-rupprechtii*）、杜松、云杉、白皮松、刺槐、杜梨、元宝枫、五角枫（*Acer mono*）、辽东栎、旱柳、白榆、青杨、新疆杨、北京杨(*Populus beijingensis*)、河北杨(*Populus* × *hopeiensis*)等。

——生态灌木林：柠条、锦鸡儿、沙棘、欧李(*Cerasus humilis*)、连翘(*Forsythia suspensa*)、山桃、山杏、文冠果、紫穗槐、白刺花(*Sophora davidii*)、沙地柏、酸枣(*Zizyphus jujuba* var. *spinosa*)、火炬树(*Rhus typhina*)等。

——经济林：枣、核桃、柿子、苹果、花椒(*Zanthoxylum bungeanum*)、仁用杏(*Prunus armeniaca* × *sibirica*)、海棠、苹果、梨等。

③造林密度：鉴于该区域水热条件相对较好，植被总盖度在60%左右可保证林木长期稳定生长，具有较好的保水固土作用，因此，黄土高原丘陵沟壑水土保持林的营造，初始栽植密度可相对密一些，乔木树种每亩控制在42~75株，灌木树种每亩控制在75~110株，乔灌混交林每亩控制在75株左右，经济林树种每亩控制在28~50株。

在具有经营条件、可进行抚育疏伐的地块，人工造林初始密度可大一些，有利于造林初期林木的生长，但随着林木的生长要进行疏伐抚育，避免林分生长后期出现衰败(初植及经营密度参照表4-1至表4-3)。

④树种配置：自然条件好、地势平缓的荒山荒坡，按照乔、灌、草行间配置与混交，实施立体配置种植；侵蚀严重、破碎的侵蚀沟等立地条件差的区域，实施灌草配置。

根据地势地貌采用团状混交、块状混交、行间混交等。

⑤整地方法：禁止全面整地，实施局部整地，坚持集雨整地。黄土水蚀区整地方式主要从蓄水、保土和避免原有植被不被破坏等几方面考虑选择适宜的整地方法。一般包括隔坡带子田、水平阶、水平带、水平沟、鱼鳞坑等。

在地形破碎、坡度较陡的黄土丘陵或山地丘陵，宜采用鱼鳞坑整地；平地等土层较薄地段，宜采用穴状、块状集雨整地方法。

在坡面相对完整，坡度15°~25°黄土丘陵、平缓山坡等土层较深厚地段，宜采用水平阶、反坡梯田、隔坡水平沟等带状集雨整地方式。

整地时间应在造林前1~2个季节或在一个降水量较多的季节前进行。

⑥造林季节和造林方法：

——植苗造林：分为春季、雨季和秋季造林。裸根苗造林以春季为主，秋季补植补栽为辅，春季造林宜早不宜迟，最迟应在苗木萌芽前完成造林；秋季造林应在树木落叶后进入休眠，土壤封冻前完成。

容器苗造林应分为雨季造林(6月上旬到7月下旬)和秋季造林(苗木落叶后

至土壤结冻前完成，9月下旬到11月中旬）。容器苗栽植时根据容器苗土坨情况，选用脱袋或去底留壁造林方法。

——直播造林：直播造林适用于土壤、水分条件较好的地块植被恢复，多采用于灌木与耐旱小乔木树种造林（如柠条、沙棘、山桃、山杏、文冠果等），小粒种子的灌木树种造林（如锦鸡儿），一般在雨季进行播种，即在第一场有效降雨前完成。大粒、硬壳、休眠期长、不耐贮藏的种子一般在秋末土壤封冻前播种。播种方法采用穴播或条播，覆土厚度为种子直径的3~5倍。

（2）封育保护

①封育对象：

一是结合天然林保护及生态公益林建设，对天然林（山杨、白桦、栎类等）和已成林的人工林（油松、落叶松、侧柏等）实施抚育保护，在保护其不受人为破坏的前提下，进行保护性的改造、抚育、更新，提高林分质量和生态功能。

二是按流域或区域对集中连片的散生天然乔木或灌丛以及人工林保存率低的各类疏林地实施封山育林，并进行补植补栽，人工促进植被恢复，最终达到成林标准。

②类型及目标：

黄土高原区：天然散生林木、人工疏林地均适宜封育为乔灌型和灌草型防护林。鉴于该区域热量、水分相对充足，经封育后植被达到稳定生长时的乔、灌、草植被总盖度70%左右，其中乔木林目标郁闭度0.4左右，灌木盖度50%左右。

黄土丘陵沟壑区：该区水土流失严重，立地条件较差，残次的小老树林（杨树、油松等）人工林较多，封育以恢复林草植被为重点，封育后植被达到稳定结构的目标盖度为60%左右，乔灌林木盖度不超过40%。

③方式：重点要控制放牧强度和人为破坏。

已实施天然林保护和公益林管护的区域，采取全封，进行长期抚育管护封育；其他封育区采取全封与半封相结合，即封育前期（前3~5年）采取全封，植被恢复后采取半封。

全封期设立围栏，禁止放牧、樵采及其他人为活动，可刈割草喂养牲畜。半封期可根据植被恢复情况，在保护林木植被的前提下，可进行打草、轮牧、发展林下经济等。一般封育期为5~10年。

④辅助措施：对实施封禁保护的有林地，适当进行人工抚育（间伐、松土、除草、林地清理等），最终达到培育健康、稳定、高质量林分的目的。对疏林地

的育林，应进行补植或补播乡土树种，形成结构稳定的、生态功能强大的人工林。

——立地条件差、针叶、阔叶小老树多的林地，应进行带状或行状补播、补植灌木树种；

——立地条件较好的人工疏林地，带状、块状补播、补植耐旱的乡土乔木树种及灌木树种；

——稀疏灌丛林地，实施行状或带状、块状栽植针叶或阔叶树种及灌木树种。

3. 山地丘陵区

本区包括燕山、太行山、吕梁山区以及六盘山北缘和子午岭北端，土壤肥沃，降水量（500～600mm）大，是旱区自然条件最好的山地造林区，分布有大面积的天然林和人工林，森林质量较高、生长较好，也是华北地区重要的水源涵养林分布区，适宜通过封山育林和人工造林增加森林面积。造林方式包括人工造林、封山育林和抚育保护。

对生长在陡坡地及土层瘠薄山地上的森林，实施抚育保护，防止人为干扰，并实施近自然经营；宜林荒山荒地，实施植树造林，人工恢复植被；对低质低效林进行改造；对适宜育林的无林地、人工疏林和天然疏林实行封山育林。

（1）人工造林

①造林林种：本区应大规模营造以水源涵养、水土保持为主的防护林，适当发展经济林和用材林。

——深山地区，营造水源涵养林；

——浅山丘陵、山前坡地营造水土保持林和用材林；

——风景名胜区、民俗乡村区、森林公园区等重点节点山区，结合低价值景观林改造，营造风景林和经济林。

②造林树种：

——生态针叶用材林：落叶松、云杉、油松、侧柏、白皮松、樟子松、华山松、赤松（*Pinus densiflora*）、杜松等。

——生态阔叶用材林：白桦、红桦（*Betula albo - sinensis*）、元宝枫、山杨、青杨、刺槐、辽东栎、五角枫、杜梨、山桃、栾树、白蜡、栓皮栎（*Quercus variabilis*）、蒙古栎（*Quercus mongolica*）、槲栎（*Quercus aliena*）、臭椿、黄栌、核桃楸、黄连木、黑枣等。

——生态灌木林：沙棘、柠条、连翘、紫穗槐、文冠果、黄刺玫（*Rosa xan-*

thina）、胡枝子、绣线菊（*Spiraea salicifolia*）、火炬树、柽柳、花椒、山杏、丁香、小叶朴（*Celtis bungeana*）等。

——经济林：核桃、枣、梨、山楂、杏等。

③造林密度：

——土壤和降水条件较好的地区，针阔乔木林每亩42～56株为宜，乔灌混交林每亩48～75株为宜，灌木林每亩75～110株为宜。

——立地条件较差的石质山、浅山阳坡、丘陵，一般针叶树种（如油松）每亩42～60株，窄冠针叶树种（如侧柏）每亩60～80株，阔叶树种（如元宝枫）每亩28～50株，灌木树种每亩60～90株，乔灌混交林控制在每亩60株以内。

在具有经营条件可实施疏伐的地方，造林初始密度可大些，林木生长期间实施疏伐抚育。表4-4和表4-5为以油松和沙地柏为例的乔木、灌木树种造林及经营密度。

表4-4　乔木树种造林及经营密度（以油松为例）

造林后林龄段（年）	0～10	11～25	26～40
密度（株/亩）	80～110	60～80	42

表4-5　灌木树种造林及经营密度（以沙地柏为例）

造林后林龄段（年）	0～5	6～10	>10
大冠幅灌木（株/亩）	100～150	80～100	60

④树种配置：包括针阔混交、乔灌混交。混交方式以块状混交、带状混交为主。针阔混交比例为4:6。乔灌混交比例可视立地条件而定，阳坡为4:6，阴坡为6:4为宜。

⑤整地方法：原则上实施局部整地，禁止全面割灌，提前一个季节集雨整地，整地采用穴状、鱼鳞坑、水平沟等整地方法，种植穴呈"品"字形排列。

——穴状整地：栽植带土球较大的苗木，规格为长0.6m、宽0.6m、深0.4m；栽植小乔木裸根苗木及灌木，规格为长0.4m、宽0.4m、深0.3m。

——鱼鳞坑整地：为半圆形坑穴，穴面低于原山坡面，呈反坡倾斜，规格为长径0.7～1.5m，短径0.6～1m，深0.3～0.5m。

——爆破整地：在石质山土层较薄（一般为阳坡）的地方，以定向爆破方式整地，筑出坑长1.6m，宽1m，呈上下"品"字形排列的反坡鱼鳞坑。

⑥造林季节和造林方法：

——植苗造林：以春季植苗造林为主，雨季造林为辅。春季造林任务量过大时，部分树种可雨季造林；高山远山无灌溉条件区域，可避开春旱季，进行雨季造林，雨季造林要选择在下一场透雨后的阴天进行。

——直播造林：秋末土壤未封冻之前可实施人工播种造林，采用当年新采集的种子(如栓皮栎、槲栎、山桃、山杏等)进行沟播或穴播造林。

（2）封育保护

①封育对象：

——华北山区分布有大面积的天然次生林和人工林，是华北地区重要水源涵养地，应实施封育保护。

——对深山、远山地区的天然残次林、人工疏林实施封山育林，以自然恢复为主、人工促进修复为辅，提高林木盖度和生产力，使其达到森林标准。

②适宜封育区：对不适于人工造林的高山、陡坡、水土流失严重，但具有天然下种或萌蘖能力的疏林、灌丛，经封育和人工辅助造林后，有望培育为乔木林或灌木林的地区。

——有天然落种、分布均匀幼苗或萌蘖根桩的荒山。

——不适宜人工造林的高山远山、陡坡、水土流失严重的荒山。

——郁闭度<0.4的低质低效有望培育成乔木林的灌木林。

③封育类型及目标：

——深山地带的针叶、阔叶疏林，封育类型为乔木型。

——浅山地带的针叶、阔叶疏林，封育类型为乔灌型。

——浅山地带的天然灌丛，封育类型为灌草型。

由于该区域降水相对较丰富，封育成林后，植被达到稳定结构的乔灌木盖度可恢复到70%左右。

④封育方式：

——边远深山区、水源地采用全封型，禁止生产性经营活动。

——其他区域采用半封和轮封保育，进行抚育性管理和保护性利用，可发展林下经济、打草、轮牧，禁止商业性采伐。

⑤辅助措施：林间空地补植、播种乔木和灌木树种，残次林抚育清理、人工辅助天然下种。

——深山地带针叶疏林，进行带状或块状栽植落叶乔木；针阔混交疏林，带状、块状、团状补植阔叶乔木或灌木。

——浅山地带阔叶灌木疏林，带状、块状、团状补植阔叶树或灌木；天然灌丛，带状、块状、团状补植乔木和灌木。

二、半干旱中温带造林亚区

（一）自然概况

半干旱中温带造林亚区包括东西两部分，西区位于我国西北内陆，主要由天山山脉北麓、阿尔泰山脉、准噶尔盆地西部的山地组成；东区由东北平原西部、呼伦贝尔高原、大兴安岭南段、阴山东部、内蒙古高原东南部、鄂尔多斯高原东部组成，大体与北方农牧交错带吻合。西区降水主要受来自北冰洋的水汽和地形影响，年降水量200～300mm；东区属东亚季风区，降水主要受来自太平洋的水汽影响，年降水量300～400mm，降水集中且变率大。本区涉及河北、山西、内蒙古、辽宁、吉林、黑龙江、陕西、宁夏、新疆等省（自治区）。

本区高山、平原（耕地）、沙地、草原交错分布，呼伦贝尔沙地、科尔沁沙地、浑善达克沙地、毛乌素沙地等四大沙地，呼伦贝尔草原、锡林郭勒草原分布其中。土壤主要以棕钙土、栗钙土、风沙土、草甸土、盐碱土为主。植被类型多样，由东向西依次为草甸草原、典型草原、荒漠草原，分布有针叶林、针阔混交林、阔叶林、沙地疏林及其他灌木等森林植被。大部分地区森林覆盖率低，荒山、荒地、荒沙面积大，洪涝和干旱交替发生，生态系统脆弱，环境敏感度高。土壤风蚀、水蚀、盐渍化易发生，土地荒漠化和沙化比较严重，是我国风沙危害主区域，区域内沙尘暴、旱灾、水灾、风灾、雪灾等多种自然灾害对社会经济可持续发展构成一定的威胁。

（二）技术要求

①以防沙治沙和荒山绿化为生态建设重点，通过封山（沙）育林（草）、飞播造林、退耕还林（草）、荒沙荒山人工造林等多种方式，大力营造防风固沙林、水源涵养林等，恢复和增加林草植被，遏制沙化扩展趋势，构筑北方防护林生态屏障。

②东北平原西部及土默特平原区，主要通过人工造林，建设农田防护林、草牧场防护林、防风固沙林、水源涵养林、水土保持林及用材林等。

③蒙陕宁风沙区，主要围绕呼伦贝尔沙地、科尔沁沙地、浑善达克沙地、毛乌素沙地，采取人工造林、飞播造林、封沙育林、封禁保护等措施，建设防风固沙林、生态经济林等，固定流沙、改善生态环境；针对退化、沙化草场建设防风固沙林、草原防护林，增加草原植被，恢复草原生态系统功能。

④大兴安岭低山丘陵区、黄土丘陵及其他山地丘陵区，主要开展封山育林、退耕还林和荒山荒地造林，营建水土保持林、水源涵养林、农田防护林。

⑤天山山脉北麓、阿尔泰山脉、准噶尔盆地西部山地，主要开展封山育林，辅助人工荒山造林，营建水源涵养林、水土保持林。

（三）技术要点

四大沙地腹地应建立封禁保护区，防止人为干扰；在山区、河流、湖泊周围及沙地边缘人口密集区，实施封山、封沙育林育草；飞播造林主要是在水分条件较好的流动和半固定沙地实施；人工造林主要在交通便利的荒山、荒沙、荒地以及城镇和村庄周边实施。

1. 平原区

本区包括松嫩冲积平原西南部、辽河平原西部和土默特平原，自然条件相对较好，降水量较多，一般在400～500mm，地下水资源丰富。该地区土地沙化和盐渍化较为严重，风沙危害对农业生产影响较大。因此，通过营造农田防护林、防风固沙林和水土保持林，增加森林面积，防止风沙危害，治理盐渍化土地，保障农业生产和维护生态安全。

（1）造林林种

①受风沙危害严重的草场，建立草原防护林体系，防治土壤风蚀，维护草场生态安全。

②农区要完善、重建农田防护林体系，保证农业安全生产，提高农作物产量。

③四大沙地，营建防风固沙林，治理沙化土地，提高植被覆盖率，防止风沙危害，改善区域生态环境。

④盐碱地分布区，栽植耐盐灌木林，通过治理盐渍化土地，营造防护林和薪炭林。

⑤河湖岸边及村庄，营造沿岸水土保持林、护岸林、用材林及经济林。

（2）造林树种

①防护（用材）乔木林：樟子松、红皮云杉（*Picea koraiensis*）、长白落叶松（*Larix olgensis*）、红松（*Pinus koraiensis*）、杨树、柳树、糖槭（*Acer saccharum*）等。

②防护灌木林：怪柳、紫穗槐、柠条、紫丁香（*Syringa oblata*）、榆叶梅、沙棘、胡枝子、刺玫、连翘、忍冬（*Lonicera japonica*）、灌木柳等。

③经济林树种：榛子（*Corylus* spp.）、山杏、沙棘、红松（经嫁接）、葡萄、枸杞等。

（3）造林密度

沙土地乔木造林（樟子松）每亩 14～40 株，一般乔木造林每亩 28～75 株，灌木林每亩 48～110 株，乔灌混交林每亩 60 株左右。

具有经营条件的地区，乔木造林初植密度可按每亩 100 株栽植，随着林木的生长要进行 2 次经营性疏伐，达到中龄期时的密度每亩 50 株为宜。

（4）树种配置

防护林营造树种配置，应根据立地条件，采用不同植被类型、不同树种间的混交搭配，包括乔木和灌木、灌木和草本、乔木和乔木、灌木和灌木等不同配置方式。

①防风固沙林：乔木与灌木混交，主要指耐旱乔木（樟子松、沙枣等）与固沙灌木（锦鸡儿、沙柳）混交造林，混交方式以带状和行间混交为宜；灌与草混交，经济林等（山杏、榛子、沙棘等）与牧草［苜蓿（*Medicago sativa*）、草木犀（*Melilotus officinalis*）等］实施行间混交；灌木与灌木混交，主要是浅根系（锦鸡儿）和深根系（沙蒿）两种灌木，行间混交或带状混交。

②农田及草场防护林：乔木与乔木混交，宜采用带状、块状、行间混交配置方式，树种配置要喜光树种与耐阴树种搭配、针叶树种与阔叶树种搭配、深根性树种与浅根性树种搭配。

——农田林网的配置：主林带间距 500m，副林带间距 800m，主林带 4 行，副林带 2 行，林网结合道路、渠系统筹规划，采取南林北路、东林西路、两林夹一渠、两渠夹一林等方式配置林带。

——草场防护林的配置：要因地制宜，网、带、伞、疏、片结合，营造灌木阻沙林、草场防护林、乔木绿伞林、灌木疏林草场等。

（5）整地方法

①地势较低的盐碱地：主要采用高台整地；土层较薄的平地、沙土地等地块，宜采用穴状整地。

②丘陵坡地等土层较深厚地段：宜采用水平阶、鱼鳞坑、机械拉沟等带状等集雨整地方式。

整地时间一般为造林前提前 1～2 个季节，但不超过 1 年。最好在造林前的雨季整地，第二年春季造林。

（6）造林季节和方法

①裸根苗造林：可分为春季和秋季造林。春季造林宜早不宜迟，4 月上旬到下旬；秋季造林在林木落叶后到土壤封冻前，9 月下旬到 10 月中旬。

②容器苗造林：春季、雨季和秋季均可造林。雨季造林选择降水较为集中的时期进行，一般在6月上旬到7月下旬。

③种子直播造林：适用于水分条件较好的地区，主要树种有胡枝子、紫穗槐、柽柳、沙棘、山杏、文冠果等灌木树种。雨季适宜于小粒种子播种造林，秋季适宜于大粒、硬壳、休眠期长、不耐贮藏的种子播种造林。根据立地条件及造林地现存植被现状，可采用穴播或条播方法，覆土厚度为种子直径的3~5倍。

2. 蒙陕宁风沙区

本区主要为我国呼伦贝尔沙地、科尔沁沙地、浑善达克沙地和毛乌素沙地四大沙地分布区，适合造林的土地面积大、分布广。在交通方便、水分条件相对较好的地区，可实施大面积人工造林和飞播造林。本区各沙地分布有大面积的天然疏林、灌木林及人工林，生长势好、结构稳定，具有防止风沙侵蚀、减轻沙尘暴危害的作用，对其要施封禁保护，提高植被质量，增加林草盖度。

本区造林绿化应以灌木树种为主，乔、灌、草结合，采取飞播、封育、封禁保护和人工造林等方式实施造林绿化。

（1）封育保护

①适宜封育区：四大沙地所在的呼伦贝尔草原、科尔沁草原、锡林郭勒草原和鄂尔多斯草原，是畜牧业重点发展区，牧业发展与生态保护之间的矛盾突出，因此，选择有希望成林的区域，结合人工治沙造林，实施封沙育林育草，人工促进林草植被快速恢复，增加林草面积和植被盖度。

四大沙地均适宜封沙育林育草，但封育重点区域应在人为活动密集、放牧强度大的区域。

②封育对象：

——呼伦贝尔沙地封育保护的主要树种有樟子松、榆树、柠条、差巴嘎蒿（*Artemisia halodendron*）等。保护的植被类型主要为：沙地西部以柠条、差巴嘎蒿为主的灌木、半灌木林；中部以榆树、黄柳、小叶锦鸡儿、差巴嘎蒿和冷蒿（*Artemisia frigida*）为主的疏林灌丛；东部以樟子松、白桦、榆树、山杨等为主的针叶、阔叶林。

——科尔沁沙地封育保护的主要树种有榆树、山杏、锦鸡儿、黄柳等。保护的植被类型包括东北部榆树、山杏疏林，中南部的榆树、锦鸡儿、差巴嘎蒿疏林灌丛，西北部的柠条、黄柳、差巴嘎蒿灌木林。

——浑善达克沙地封育保护的主要树种有榆树、蒙古栎、山杨、锦鸡儿、黄柳、沙蒿等。保护的植被类型包括沙地中东部的榆树、山杨阔叶疏林，沙地西部的锦鸡儿、沙蒿灌木林。

——毛乌素沙地封育保护的主要树种有沙地柏、锦鸡儿、沙柳、油蒿、花棒、杨柴等。保护的植被类型包括沙地中南部的沙地柏灌木林，中部的锦鸡儿、油蒿灌木林，北部的油蒿、沙柳灌木林。

③类型及目标：

——四大沙地年降水量在 350mm 以上地区的阔叶疏林，封育类型为乔、灌、草型。封育后植被达到稳定时的乔灌木目标盖度为 30%~40%，植被总盖度为 40%~50%。

——年降水量不足 350mm 的其他区域，封育类型为灌草型。封育后植被达到稳定时的灌木目标盖度为 30%左右，植被总盖度为 40%左右。

④方法：

——人为活动密集、放牧力度大、植被破坏严重的地区，封育初期采用全封型，建立围栏，禁止放牧、樵采等行为，植被得到一定恢复后，可有保护地加以利用。

——其他地区采用半封和轮封保育型。半封区：在林木非生长季节，在不对林木造成破坏的前提下，可有计划适度地进行打草、打柴及其他经营活动。轮封区：有计划地将封育区划分为若干个片区，进行轮流封育和放牧，在恢复植被的同时兼顾群众的生产生活。

⑤辅助措施：封禁和适度利用相结合，管护和培育相结合，加速植被恢复，是封沙育林育草的基本宗旨。

——对破坏严重、人畜密集的地段采用围栏封护、专人管护，同时加大人工造林力度，可采用直播锦鸡儿、扦插沙柳和柽柳等灌木，促进植被快速恢复。

——对偏远、植被稀疏区域、仅靠管护不能成林的区域，要结合飞播造林，促进植被快速回复。

——地下水位较高、降水量较丰富的区域，要采取乔灌结合的方式，小密度栽植樟子松、榆树及其他灌木等，增加林木植被面积。

（2）人工造林

本区主要造林区域为四大沙地，降水量大多在 250~500mm 之间，地下水资源相对丰富。因此，在人工造林方面，可根据水资源及降水情况，因地制宜，乔、灌、草结合，营造防风固沙林，增加林草面积，防止风沙危害。

①造林林种：

——风沙区营建防风固沙林，在治理沙化土地，提高植被盖度的同时，兼顾当地牧民对薪柴和饲料的需要。

——沙地中的河湖岸边及低洼盐碱地，营造护岸林和水土保持林。

——草场与沙化土地过渡区、村庄周围，建立和完善草场防护林体系，防止风沙对草场和村屯的侵蚀和危害。

②造林树种：乔木树种主要有樟子松、赤松、彰武松（*Pinus densiflora* var. *zhangwuensis*）、小黑杨（*Populus simonii* × *nigra*）、银中杨（*Populus alba* × *berolinensis*）、沙枣、旱柳、元宝枫、榆树、刺槐、蒙古柳（*Salix linearistipularis*）等。

灌木、半灌木树种主要有紫丁香、榆叶梅、沙棘、黄刺玫、山杏、胡枝子、锦鸡儿、柠条、沙柳、柽柳、杨柴、花棒、沙地柏、沙蒿等。

③造林密度：用乔木树种营造固沙林，要实施低密度造林，主要在降水量较多、地下水位较浅的地区造林。造林密度要综合考虑水分条件、树种特性、经营条件确定，一般每亩不超过 60 株为宜。如具有经营条件，初植密度可大一些（每亩 110 株），在造林后可进行 1~2 次疏伐抚育，最终达到合理的生长密度。表 4-6 为樟子松林造林及经营密度。

表 4-6　樟子松造林及经营密度

造林后林龄段（年）	初植	20	40
密度（株/亩）	110	55	28

灌木树种固沙林的营造也不要过密，应根据立地条件确定合理的栽植密度，每亩 50~110 株为宜。

乔灌混交林的造林密度每亩控制在 70 株以内。

采用宽行距（5~6m）、小株距（1~2m）设计。

④树种配置：树种配置要以喜光树种与耐阴树种搭配、针叶树种与阔叶树种搭配、深根性树种与浅根性树种搭配、乔木与灌木搭配。

混交方式包括带状混交、行间混交、块状混交，以带状混交为主。水分条件好的低洼地、沙丘阴坡，以乔木树种为主；水分条件差、沙丘阳坡，以灌木树种为主。

⑤整地方法：沙土地易风蚀，要坚持局部整地、随整地随造林的原则，禁止全面整地和提前整地。整地方式包括带状整地、穴状整地。

⑥造林方法和造林季节：沙地人工造林主要包括植苗、直播、插条等方法。

——植苗造林：由于沙地造林易遭干旱而影响造林成活率，应以容器苗为主，造林一般在春季土壤解冻后造林，越早越好，且要深栽。乔木造林要进行灌溉。

——直播造林应在雨季造林，适宜流动沙地、半固定沙地造林。造林树种主要为灌木，包括锦鸡儿、花棒、杨柴等，采用条播、点播的播种方法。

——插条造林是沙地造林的一种简便、快捷、见效快、成本低的造林方法，四大沙地均可适用。在植被稀少的流动、半流动沙丘上，选用萌蘖性强的灌木树种枝条，深度扦插设置沙障，形成活沙障，进行固沙造林。沙地扦插造林主要树种有黄柳、杨柴、柽柳等。沙障设置形式为行列式和网格状，行列式扦插行距为4~8m，网格式扦插为4m×4m，一般在4月中下旬和10月中下旬进行，插条长度80cm，扦插深度70cm，地上留茬10cm。

（3）飞播造林

沙区飞播造林具有速度快、省劳力、投入少、成本低、范围广等特点，能深入人烟稀少、人工造林困难的边远沙地腹地实施造林作业，现已成为沙区的主要造林方式。

①适宜区域：在科尔沁沙地、浑善达克沙地、毛乌素沙地，具有相对集中连片，且不少于飞机一架次作业面积的宜林（草）荒沙地均可。播区应以半固定和流动沙地为主，且具有天然植被，盖度3%~15%，宜播面积占播区总面积的70%以上。

呼伦贝尔沙地由于沙地、沙丘分布较为分散，可采用人工撒播造林和直播造林。

②飞播植物种：沙区飞播造林主要以耐旱的灌木树种为主，一般采用多植物种混合飞播造林。常用于飞播的植物种有锦鸡儿、花棒、杨柴、沙蒿、沙打旺等。由于各沙地立地条件和气候的差异，也可选用当地适宜的其他树种与上述植物种混播（表4-7）。

表4-7 沙地飞播造林主要适宜植物种（戴国良，2013；麻保林，1998）

飞播区	适宜飞播植物种	适宜飞播时间
科尔沁沙地	锦鸡儿、差巴嘎蒿、花棒、杨柴、沙打旺、草木犀	5月中旬至下旬
浑善达克沙地	锦鸡儿、沙蒿、胡枝子、沙打旺、草木犀	5月下旬至6月中旬
毛乌素沙地	锦鸡儿、沙拐枣、花棒、杨柴、白沙蒿、沙打旺	5月中旬至6月下旬

③飞播时间：沙区飞播造林种子能否发芽出苗，是由温度、水分及种子播后覆沙等因素共同决定，飞播期的确定要综合考虑上述因素。

根据以往飞播成功经验，最适宜的飞播时期是进入雨季的5月上中旬至6月下旬。要关注天气预报，选择在中雨天气过程（降雨≥10mm）之前进行飞播。

④播区处理：为改善地面落种、播种条件，提高飞播成效，要对播区地面进行处理。一是对可能影响飞播种子触土发芽的地段进行人工或机械带状松土处理（如组织羊群在坡面踩踏）；二是对风蚀严重地段（高大流动沙丘）设置沙障，防止种子大面积位移。

⑤种子处理：种子要进行风选净种、掺拌药剂、丸化处理，既防鼠害、鸟害，又促使种子在飞播后稳定着地、吸水膨胀、快速发芽，提高种子的发芽率和存活率，增强幼苗的抗旱、抗寒、抗病能力。一般采用多效复合剂处理种子，保水性能好，无污染，对鸟、鼠具有驱避效果，能够增强幼苗抗逆性。

⑥播种量及其配置比例：沙区飞播造林应采用不同植物种以混播方式进行飞播。

——科尔沁沙地。单播锦鸡儿每公顷7.5～15kg；锦鸡儿、草木犀（*Melilotus suaveolens*）、沙打旺混播时，每公顷15kg，播种量比例为3∶2∶1。

——毛乌素沙地。花棒或杨柴与白沙蒿混播，每公顷总播种量9kg，两者比例为2∶1；白沙蒿与沙打旺混播，每公顷总播种量8kg，两者比例为1∶1。

——浑善达克沙地。杨柴、沙蒿、沙打旺混播，每公顷总播种量7～10kg，配置比例为5∶3∶2。

⑦播区管护及适度利用：飞播后的区域应进行4～6年的封禁，最好结合封沙育林育草和沙区封禁保护区建设实施飞播造林，有条件的地方设立围栏，要有专人看护。

在封禁期满，植被已稳定的播区，在不影响生态效益的前提下，可适度利用，但利用强度应掌握在可自然更新的范围内。

飞播作业要严格按照飞播造林国家标准和飞播造林作业设计进行。

3. 东北、华北低山丘陵及黄土区

本区包括我国大兴安岭南部、燕山北部、阴山东段及其以北丘陵及黄河中上游黄土沟壑区，低山、丘陵、黄土沟壑交错分布。

本区应按照乔、灌、草结合的方式，实施人工造林和封山育林育草，提高森林盖度和森林质量，增加区域水源涵养能力，减少水土流失。

（1）封育保护

适宜封山育林和抚育管护的区域主要包括大兴安岭南段、燕山北部以及阴山山地。封育对象主要是分布于山区的天然次生林、人工林、残次的疏林或稀疏灌木林。

①抚育管护：分布于深山地区，且已经达到森林标准的天然次生林及人工林，是华北地区重要的水源涵养地和生态屏障，管护好这里的森林资源尤为重要。

应结合天然林保护工程、自然保护区、森林公园建设和生态公益林保护项目实施，加强提高管护。一是实施严格的保护措施，防止人为破坏和过度干扰；二是采用科学的抚育管护措施，对过于密集出现衰退的区域进行抚育间伐，促进复壮更新；三是对遭破坏严重、郁闭度过低的区域进行补植补栽，增加乔灌木盖度。通过封禁管护，使林木处于一个合理的密度和盖度范围，以期提高森林质量，增强水源涵养能力。

②封山育林：

——封育区域：主要包括大兴安岭南段、燕山北部、阴山东段以北的山地丘陵等区域。本区气候条件相对较为湿润，一般年降水量在350mm以上，分布有不同类型的天然次生林和人工林。但由于土层较薄，砾石较多，在浅山地区已形成残次的疏林地，林木长势弱，生态效益较低，天然下种更新困难。可通过封山育林及封禁保护，辅以人工造林措施，形成以乔木为优势树种，乔、灌、草结合的林分。

——类型及目标：对海拔在1000m以上的针叶、阔叶疏林，封育类型为乔灌型，封育后可形成以乔木为主，乔灌结合的森林植被。封育后植被达到稳定的乔灌木目标盖度为40%~50%，植被总盖度为60%左右。

海拔在1200m以下的山前坡地及丘陵区，封育类型为灌草型。封育后形成以灌木为主，灌乔草结合的灌木林。植被达到稳定的灌木目标盖度为40%左右，植被总盖度为60%左右。

——封育方式：本区地域辽阔，畜牧业发达，解决好林业与畜牧业的矛盾是封育成功的关键。一方面要恢复林木植被；另一方面也要兼顾到当地农牧民的生计。因此，本区宜采用半封和轮封的封育方式，主要是要通过限牧补贴、人工看护等方式，加大管护力度，严禁采伐，限制放牧，保护林草植被。

封育期限一般在5~10年，封育期满后应实施长期保护。

——辅助措施：结合人工辅助造林，封造结合，乔、灌、草结合，形成带、片交织的育林区，增加林草植被盖度，提高林分质量。

山区林中空地要种植适宜的针阔乔木和灌木，逐步形成以乔木为主，多树种、乔灌草结合的复合林。

海拔1200m以下的低山丘陵，栽植或播种灌木及耐旱的乔木（如油松、榆树等），形成灌木为主，乔、灌、草结合的复合林。

海拔1000m以上山区的稀疏针阔混交疏林及灌木林中，采取轻度的人工促进更新措施，人工播种、移植、补植适生的乔木和灌木树种，封造并用，乔灌结合，促进植被恢复。

（2）人工造林

主要包括荒山荒坡地造林、结合封山育林实施的人工辅助造林，以及对人工造林后的补植补栽。

①造林林种：

——山区通过人工造林营造水源涵养林；

——坡耕地退耕还林及丘陵黄土沟壑区营造水土保持林和经济林；

——局部水土条件较好的地带可营造防护经济兼用林；

——缓坡农田营造农田防护林。

②造林树种：

——防护乔木林：油松、白皮松、华山松、侧柏、樟子松、杨、柳、黑桦（*Betula davurica*）、白桦、栾树、元宝枫、槐、白榆、银杏、合欢、黄连木、栎类、朴树、黑枣、杜梨、柿树等。

——防护灌木林：柠条、锦鸡儿、沙棘、文冠果、花棒、山桃、山杏、沙地柏、紫穗槐、胡枝子、金叶榆、黄栌、紫叶李等。

——农田防护林：杨树、柳树、栾树、元宝枫、刺槐、白蜡、臭椿、丝绵木、楸树、皂荚、构树等。

——生态经济林：仁用杏、山杏、葡萄、杏子、小苹果类［海棠果（*Malus spectabilis*）、沙果（*Malus asiatica*）等］、枣、榛子、板栗、核桃等。

③造林密度：生态林乔木林每亩28～70株，灌木林每亩42～110株，乔灌混合型每亩控制在80株以内。

农田防护林按400m×400m或400m×500m的方格设置，造林密度株行距为2m和3m（每亩110株），按"品"字形排列。

退耕还林造林密度，生态林乔木树种每亩80株，灌木林每亩120株。

生态经济林每亩40～70株。

④树种配置：采用不同树种搭配的混交方法造林，包括乔木与灌木混交，灌木与草本混交，乔木与乔木混交，灌木与灌木混交。

带状混交方式适于初期生长较慢，且两类互有矛盾的树种；块状混交适于共生性差的树种之间的配置；行间混交适于乔木与灌木、深根性树种与浅根性树种之间搭配。

⑤整地方法：坚持集雨、局部整地，最大限度地获取天然降水，保护原有植被。深山地区实施鱼鳞坑整地，浅山丘陵缓坡地实施水平带、水平阶整地，平地实施穴状集雨整地。

整地时表土、芯土分置，芯土筑埂，表土回填。整地时间为造林前二个季节或一个雨季。

⑥造林方法及季节：主要采用直播造林与植苗造林方法。

——直播造林。适用于水分条件、土壤较好的地方造林，多用于灌木与小乔木树种造林，采用穴播或条播方法，覆土厚度为种子直径的3~5倍。小粒种子适宜于雨季播种造林，大粒、硬壳、休眠期长、不耐贮藏的种子适宜于秋季播种造林。

——植苗造林。裸根苗造林适宜春季造林，栽植时做到苗木随运随栽，造林宜早不宜迟，一般为3月下旬到5月上旬。

容器苗造林，春季、雨季和秋季造林均可。根据容器苗土坨情况，选用脱袋或留袋(去底留壁)造林方法。雨季造林选择雨季降水较为集中期的6月上旬到7月下旬实施；秋季造林在苗木落叶后至土壤结冻前完成，一般为9月下旬到11月中旬。

4. 北疆山地丘陵及准噶尔盆地边缘荒漠区

本区主要包括天山山脉、阿尔泰山脉、准噶尔西部的山脉(以巴尔鲁克山为主)及准噶尔盆地西北端的一小部分荒漠绿洲区。该区有大小河流20多条，分布有大面积的天然水源涵养林，是北疆地区主要水源供给区。该区森林衰退严重，水源涵养功效下降，水土流失比较严重。

本区可通过抚育保护和封山(沙)育林(草)，辅助人工造林，在保护现有森林植被的同时，促进植被恢复，提高森林水源涵养能力和水土保持能力。

(1)封育保护

针对不同立地条件和林木状况，采取封山、封河、封沙的"三封"育林措施。

①封育区域：主要包括天山山脉北麓、阿尔泰山脉、准噶尔西部山地的浅

山丘陵区，河流两岸及其河谷区，以及准噶尔盆地西北边缘荒漠区，这些区域分布的山地河谷疏林和荒漠灌木林，是实施封山（沙）育林的主要对象。

②封育对象：主要是分布在中低山的针阔、落叶阔叶疏林，河谷区、河岸落叶阔叶疏林，以及荒漠区的旱生灌丛。

准噶尔西部的巴尔鲁克山：保护的树种主要是中低山分布的新疆野苹果（*Malus sieversii*）、天山樱桃（*Cerasus tianshanica*）、天山桦（*Betula tianschanica*）、疣枝桦（*Betula pendula*）、天山花楸（*Sorbus tianschanica* var. *tianschanica*）、山柳、苦杨（*Populus laurifolia*）、欧洲山杨（*Populus tremula*）等。

天山山脉北麓：保护的树种主要是云杉、山柳、山杨、方枝柏（*Sabina saltuaria*）、宽刺蔷薇（*Rosa platyacantha*）、山楂、黑果小檗（*Berberis atrocarpa*）、忍冬（*Lonicera japonica*）等。

阿尔泰山脉：保护的树种主要是新疆落叶松（*Larix sibirica*）、云杉、冷杉、白桦、绣线菊、忍冬、腺齿蔷薇（*Rosa albertii*）等。

其他荒漠区：保护的树种主要是胡杨、柽柳、白梭梭、蒙古沙拐枣（*Calligonum mongolicum*）、多枝柽柳、细穗柽柳（*Tamarix leptostachys*）、红砂、驼绒藜、纤细绢蒿（*Seriphidium gracilensces*）等。

③类型及目标：

海拔较高、较湿润的地区，封育类型为乔灌型，成林植被达到稳定结构的目标盖度为60%左右。海拔较低及阳坡地段，封育类型为灌草型，封育成林后目标盖度为40%左右。

开阔河谷及山前丘陵沟壑区，分布有常绿针叶灌丛和落叶阔叶灌丛两种类型的灌木林，封育类型为灌草型，封育成林植被达到稳定结构的目标盖度为60%左右，乔灌木为40%左右。

准噶尔盆地的东、西两端边缘荒漠区，旱生的半乔木、灌木、半灌木、矮半灌木等荒漠植被，封育类型为灌草型，封育后植被达到稳定结构的目标盖度为40%，乔灌木为30%。

④封育方式：天山、阿尔泰山、准噶尔西山地乔灌封育区，实施半封和轮封，禁止樵采，限制性放牧，有保护性地进行打草、放牧。河谷、河岸乔灌木林、山前沟壑丘陵及荒漠灌木林封育区，实施全封，禁止一切不利于植被恢复的人为活动。

⑤辅助措施：建立巡逻管护站点，设立专人管护，在保护现有植被的前提下，对有林地、疏林地、杂灌木林采取抚育经营、补植补造、人工辅助下种等

措施，促进天然更新，提高森林质量和水源涵养能力。

（2）人工造林

在山区，人工造林主要是荒山、荒地造林以及结合封山育林实施的人工补植补播造林；在塔城盆地及哈巴河县西部的荒漠绿洲区，主要是以保护绿洲和河流的人工造林以及人工疏林地的补植补栽。

①造林林种：

——山区、河流湖泊岸边及开阔河谷，营造以乔木树种为主，乔灌结合的水源涵养林；

——山前坡地、丘陵沟壑区，营造以灌木树种为主，灌草结合的水土保持林；

——绿洲区，营造由护田林网、防风基干林带、固沙草灌带组成绿洲防护林体系。

②造林树种：

——乔木：云杉、落叶松、樟子松、桦木、新疆杨、欧洲黑杨（*Populus nigra*）、俄罗斯杨、胡杨、沙枣、白柳、榆树、白蜡等。

——灌木：锦鸡儿、枸杞、梭梭、花棒、柽柳、沙拐枣等。

③造林密度：造林密度要根据不同区域水分条件、树种特性，及经营水平和造林后林木能够稳定生长来确定。

山地、河谷水分条件较好的区域，乔木造林密度每亩控制在 60 株以内，乔灌混交林每亩控制在 90 株以内。

山前坡地、丘陵沟壑区营造灌木林，灌木树种造林密度每亩控制在 80 株以内。

荒漠绿洲区农田林网要按照主、副林带设计的要求，一般行距 3m，株距 2m；绿洲边缘的防风基干林，乔灌混交林每亩 80～100 株为宜；绿洲外围及荒漠区的防风固沙灌草林，造林密度每亩控制在 90 株以内。

④树种配置：提倡采用不同树种搭配的混交方法造林，营造混交、复层、异龄林，包括乔木与灌木混交、灌木与草混交、乔木与乔木混交、灌木与灌木混交。

——山地、河流谷地适宜针阔混交、乔灌混交。针阔混交时以块状混交进行栽植，乔灌木混交时以行间混交栽植。

——山前坡地、丘陵沟壑及绿洲外围的荒漠区，采用宽行距、小株距的栽植方式，以不同灌木树种行间混交栽植为宜。

——农田防护林网、基干林带，采用乔木与半乔木和灌木混交，林网采用行间混交，基干林及固沙林可根据树种特性和地貌，采用块状混交。

⑤整地方法：采用局部集雨整地。荒山丘陵采用鱼鳞坑整地，提前一年或雨季前整地；平地、沙土地采用穴状整地，不提前整地，随整地随造林。

⑥造林季节及方法：

——直播造林：适用于山地、沙地水土条件较好的地区造林，小粒种子(如锦鸡儿)雨季播种，大粒种子(如沙枣)秋季土壤结冻前播种。

——植苗造林：适用于山地、丘陵、沙地、绿洲防护林造林，最好用容器苗造林。绿洲防护、河流谷地等水分条件较好或能灌溉的地方，可用裸根苗造林。

三、半干旱高原温带造林亚区

(一)自然概况

半干旱高原温带造林亚区包括藏南高原、青藏高原东北部及祁连山脉、川滇干热河谷区三部分。

藏南高原雅鲁藏布江谷地受印度洋水汽影响显著，年降水量为 300～400mm；青藏高原东北部与祁连山脉南麓的高山盆地区虽处于东亚季风影响的边缘，但受青藏高原和自身地形的影响，年降水量也能达到 300～500mm；干热河谷的分布由局部地形小气候决定，零散分布于西南诸省的高山河谷区，年降水量多大于600mm。前两者区域内的主要土壤类型有寒冻土、草毡土、栗钙土、寒钙土，植被以高山灌丛、温带草原、高寒草甸为代表，后者区域内的土壤类型主要有紫色土、红壤、赤红壤、砖红壤，植被多以热带常绿灌木、草本为主。本区涉及四川、云南、甘肃、青海、西藏等省(自治区)。

本区藏南及祁连山区，农牧民樵采时有发生对本来就很脆弱的生态环境带来威胁，风蚀、水蚀、冻融侵蚀比较严重，泥石流、崩塌、滑坡等地质灾害时有发生。川滇干热河谷地区地势陡峻，地形破碎，水土流失严重，土壤瘠薄、肥力差，生态环境较脆弱，植被恢复和生态建设难度大。

(二)技术要求

①林业生态建设重点以封山育林(草)为主，最大限度地保护和恢复林草植被，遏制土地沙化、荒漠化扩展。在适宜地区通过人工造林，积极发展防风固沙林和薪炭林。

②在大江大河源头，通过封育措施，保护恢复草原植被和灌木，增强保持

水土和涵养水源能力，构筑江河源头生态屏障，维护下游生态安全。

③在柴达木盆地东部及共和盆地等风沙危害区，以封沙育林（草）为主，结合人工造林种草等措施，恢复和重建林带植被，遏制土地沙化，改善人居环境。

④藏南高原湖盆河谷区、祁连山及湟水流域等地，采取封山育林与人工造林相结合的措施，培育水源涵养林、水土保持林、薪炭林，提高乔、灌、草植被面积和盖度，增强森林生态功能。

⑤西南干热河谷及青藏高原其他区域，采取以人工造林为主，造、封、管结合的方式培育水源涵养林、水土保持林、薪炭林和生态经济林。

⑥ 本区适宜封山（沙）育林和人工造林，不适宜飞播造林。

（三）技术要点

1. 封育保护

（1）区域

主要是祁连山、湟水流域、藏南高原河谷、柴达木盆地东部等，分布有天然林和人工林的地区，以及由于破坏形成的疏林、疏灌地，要采取保护培育措施，禁止各种人为破坏，并通过人工造林等措施促进植被快速修复。

（2）对象

抚育保护的对象主要是中山地带、沟谷河滩、荒漠区分布的天然林和人工林；封山育林的对象主要是残次林、疏林地、散生灌丛和密度较低的灌木林地，以及出现退化趋势的林分和灌木林。

①祁连山及湟水流域：分布在浅山区、林缘区及黄土丘陵和沟谷河滩地段的残次山杨、桦树林；中山地带的云杉林（阴坡）、小檗乔灌林（阳坡）；高中山地带的高山柳、金缕梅灌木林。

②藏南高原盆湖河谷地区：分布在东端及南端亚高山地带的云杉、冷杉林；亚高山山杨、白桦林；亚高山蔷薇、枸子（*Cotoneaster taylorii*）、杜鹃（*Rhododendron simsii*）、香柏（*Sabina pingii* var. *wilsonii*）等落叶、常绿灌木林；河谷两侧丁香、蔷薇、小檗等山地灌木林。

③柴达木盆地东部：分布在绿洲周边荒漠区的梭梭、柽柳、盐爪爪、猪毛菜、白刺、驼绒黎、沙拐枣、红砂灌木林；中山区的祁连圆柏、青海云杉林；高山区的金露梅（*Potentilla fruticosa*）、银露梅（*Potentilla glabra*）、高山柳等灌木林。

（3）类型及目标

中高山针叶、阔叶水源涵养林，封育为乔木型，封育期10年以上，并要长期抚育管护。封育后植被达到稳定结构的目标盖度为70%，云杉等针叶林郁闭度为0.6。

浅山区、林缘区及沟谷河滩地段残次落叶乔灌木林，封育类型为乔灌型，一般要封育5～7年，封育后植被达到稳定结构的目标盖度为50%，乔灌木林盖度为40%。

山前坡麓、沙砾质洪积扇、沙区，封育类型为灌草型，封育期限一般7～10年。植被达到稳定结构的目标盖度为40%，灌木林盖度为30%。

（4）方法

包括半封和全封。半封适用于人畜活动不频繁的深山和偏远地区，封山育林对象为出现退化趋势的灌木林或乔木林，采取设立标牌和专人看管，不修筑围栏。

全封适用于人为干扰大、水土流失及风沙危害严重的区域，固定专人看管，同时在封育区周边人畜干扰区域设置刺网围栏障碍，防止牲畜进入和人为破坏。

（5）辅助措施

对已达到有林地标准的中幼龄林、近熟林，采取管护与抚育相结合的措施，通过改造、更新提高森林质量；对林缘和一些浅山区易遭人类活动干扰的疏林地和未成林造林地，采取人工造林（补植、补播）或人工辅助下种、萌蘖等措施，促进自然恢复。

2.人工造林技术

（1）造林林种

本区域造林林种主要为水源涵养林、水土保持林、防风固沙林、薪炭林和经济林。

①山区，营造以乔木树种为主、乔灌结合的水源涵养林。

②山前坡地、丘陵、干旱河谷区，营造以灌木树种为主、灌草结合的水土保持林。

③风沙区及沙砾质洪积扇区，营造以灌木树种为主的防风固沙林。

④河谷区、山脚下部相对较缓的坡地，营造薪炭林、种植牧草，满足农牧民养畜饲料和燃料的需要。

海拔低、水热条件较好的地区，营造经济林，增加农牧民收入。

（2）造林树种

本区域海拔较高，气候寒冷，选择造林树种时除考虑抗旱性外，还要考虑耐寒性。

①祁连山、湟水流域及共和盆地风沙区：

——生态乔木林：青海云杉、青杆（*Picea wilsonii*）、祁连圆柏、侧柏、落叶松、油松、樟子松、青杨、河北杨、新疆杨、小叶杨、青海杨（*Populus przewalskii*）、桦树、旱柳、白榆、槐、刺槐、椿树、沙枣等。

——生态灌木林：柠条、锦鸡儿、沙棘、柽柳、小檗、金（银）露梅、山生柳（*Salix oritrepha*）、榆叶梅、丁香、黄刺玫、连翘、珍珠梅、海棠等。

——经济林：核桃、花椒、桃、山杏、苹果、梨、山楂、花椒、树莓（*Rubus corchorifolius*）等。

②藏南高原湖盆河谷滩地区：

——生态乔木林：藏川杨（*Populus szechuanica* var. *tibetica*）、新疆杨、毛白杨、长蕊柳（*Salix longistamina*）、班公柳、左旋柳（*Salix paraplesia* var. *subintegra*）、旱柳、垂柳、白柳、榆树、大果圆柏（*Sabina tibetica*）、祁连圆柏、巨柏（*Cupressus gigantea*）等。

——生态灌木林：沙棘、沙生槐（*Sophora moorcroftiana*）、蔷薇、小檗、水柏枝、乌柳、枸子、锦鸡儿等。

——经济林：枸杞、核桃、花椒、山杏、苹果、梨等。

③川滇干热河谷区：

——乔木：阿根廷柳（*Salix argentinensis*）、火炬树、岷江柏（*Cupressus chengiana*）、四季杨（*Populus canadensis*）、刺槐、香椿、臭椿、巴旦杏、毛白杨、辐射松（*Pinus radiata*）、榆、黄连木等。

——灌木：虎榛子、黄栌、扁桃、沙棘、柠条、马鞍叶羊蹄甲（*Banhima fabri*）、白刺花、刺旋花（*Convolvulus tragacanthoides*）、小角柱花（*Ceratosigma minus*）、马桑（*Coriaria nepalensis*）、木兰（*Magnolia liliflora*）等。

（3）造林密度

由于本区域以畜牧业为支柱产业，应以低密度造林，给草本植物一定的生存空间，造林后形成乔、灌、草复合植被结构，为牲畜提供饲料。

乔木树种造林，大冠幅树种（杨树）每亩40株左右，小冠幅树种（圆柏）每亩60株左右。

灌木树种造林，一般灌木林造林密度上限为每亩100株左右；小冠幅灌木（锦鸡儿）每亩120株左右。

经济树种造林，核桃等大冠幅树种每亩30株左右，枸杞等小冠幅树种每亩70株左右，其他（如苹果）每亩50株左右。

（4）树种配置

根据立地条件和造林树种特性，宜采用乔木与灌木（如青海云杉与沙棘和小檗）、乔木与乔木（如青海云杉与小叶杨）、灌木与灌木（如柠条与沙蒿）的配置方式。

带状混交适于初期生长较慢，都为喜光树种；块状混交适于共生性差树种之间配置；行间混交适于乔木与灌木，深根性与浅根性、耐阴与喜光树种之间配置。

（5）整地方法

整地原则：应采用集雨整地和局部整地，保护原有植被。

整地方式：地势平坦、土层较薄地区宜采用穴状集雨整地，山区、丘陵坡地采用鱼鳞坑整地，或窄带、宽带间距的水平沟集雨整地。

整地时间：可产生径流、能集雨的地区，提前一个雨季或一年整地，沙土地整地与造林同步进行。

（6）造林方法及时间

①直播造林：适用于降水条件较好的沙地和土壤条件较好的荒山坡地，以灌木树种（柠条、梭梭、沙拐枣、白刺等）直播造林为好。

直播造林在雨季实施，选在5月上中旬到6月上旬，第一场透雨后或在降雨集中分布期间抢墒播种。沙土地采用条播，山坡地采用穴播。

②植苗造林：适宜于地表较稳定、水分条件较好的丘间地、城镇周边、交通便利地段，最好采用容器苗造林。造林时间以春季造林和雨季造林为主，海拔较高易发生冻拔害的地区，不适宜秋季造林。

四、半干旱高原亚寒带造林亚区

（一）自然概况

位于青藏高原中部地区，由羌塘高原南部和青海江河源区组成。海拔一般为4000～5000m，气候寒冷干旱，降水受来自印度洋的水汽控制，年降水量300～400mm。本区涉及青海省和西藏自治区。

土壤类型。西部主要有寒冻土、草毡土、寒钙土，东部主要有高山灌丛草甸土、高山草甸土、高山草原土、山地荒漠土、高山荒漠土、高山寒漠土、沼泽土、冰沼土等。

本区地势高，温差大，植被以高寒草原、草甸草原为代表。西羌塘高原南部海拔在5000m左右的陡坡砾质山地，分布有川西锦鸡儿灌丛；东部青海境内江河源区海拔4000～4500m的区域，分布有高寒灌丛，主要树种有金露梅、山生柳、窄叶鲜卑花（*Sibiraea angustata*）、绣线菊、锦鸡儿、头花杜鹃（*Rhododendron capitatum*）、百里香杜鹃（*Rhododendron thymifolium*）等，多位于阴坡。河谷地区有寒温性针叶林，呈片状分布于阴坡，主要为川西云杉，阳坡为圆柏纯林疏林。

本区湖泊众多，水资源丰富，长江、黄河、澜沧江发源于此，生态区位非常重要。本区林草植被覆盖率较低，部分草场退化、沙化，沙化土地分布较广，生态环境脆弱，生态建设任务十分繁重。

（二）技术要求

①保护现有植被，人工促进自然修复。对乔木和灌木林分布区域，实施封禁保护措施，防止过度放牧和樵采，提高森林水源涵养林能力，防止草原进一步退化、沙化。

②风沙危害严重的牧场区，以封禁保护、封山育林育草为主要手段，人工辅助造林，建立水土保持林和防风固沙林。

③城镇居民点、山地丘陵、河流沿岸，实施封育和人工造林相结合，培育水源涵养林、水土保持林和薪炭林。

（三）技术要点

本区域海拔高，气候寒冷，生长期短，大多地区不适宜人工造林，只有在河谷盆地极少数地区可实施人工造林。故本地区造林方式以封山、封沙育林育草为主，保护好现有林草植被，有条件的地方实施人工造林，人工促进自然恢复。

结合自然保护区、天保工程、三北防护林等生态工程建设及重点公益林管护，实施封山育林，恢复被破坏的植被，提高植被盖度。

1. 封育保护

（1）区域

适宜封育的区域主要是在人口相对集中的城镇和居民点附近的牧场、灌木林和疏林。

（2）对象

严重退化、沙化草场，一般植被盖度＜40％的区域；植被总盖度＜50％的低质、低效灌木林地；分布较均匀、萌蘖能力较强、盖度＜30％的灌丛；分布于河谷地区的寒温性针叶疏林地。

（3）类型及主要树种

封育类型要根据立地条件、树种构成，以及母树、幼苗幼树、灌木株（丛）数和育林措施等情况来确定，主要为灌木型和灌草型、乔灌草型。

封育的灌木树种主要有金露梅、山生柳、窄叶鲜卑花、绣线菊、锦鸡儿、头花杜鹃、百里香杜鹃等。乔木树种主要有川西云杉（*Picea likiangensis* var. *balfouriana*）、圆柏等。

（4）方法

根据封育区的生态重要程度、立地条件、森林植被、牧业发展等情况，采取全封和半封两种方式。

全封区坚决制止放牧、砍柴，特别是要制止刨树根、挖草根的行为，保护和扩大水土保持林、水源涵养林的面积。

半封区限制性进行放牧，通过休牧、轮牧、限牧等措施，恢复植被。封育区要发展太阳能、风能替代能源，减轻牧民对生物质能源的依赖。

（5）封育时间及目标

视植被恢复和成林情况而定，一般 5～10 年。植被基本恢复到稳定状态时，可在不破坏的前提下适度利用。退化、沙化草场，封育后植被达到稳定结构的目标盖度为 70% 左右；以乔木为主的封山（沙）育林，封育后植被达到稳定结构的目标盖度为 50% 左右，其中乔木林郁闭度为 0.2 以上；以灌木为主的封山（沙）育林，封育后植被达到稳定结构的目标盖度为 60% 左右，其中灌木林盖度为 30% 以上。

（6）辅助措施

在封育区立地条件较好的阴坡、半阴坡，综合考虑立地条件（海拔、坡向、坡度等）和适生树种本身的生物学特性，选用适宜当地生长的树种进行补植补播。

2. 人工造林

（1）造林林种

结合封山育林，在水热条件较好的低海拔区域营造人工林。在居民点较近的宜林地营造薪炭林，河谷地区营造水土保持林，沙化、退化草场营造防风固沙林等。

（2）造林树种

①乔木：藏川杨、新疆杨、毛白杨、长蕊柳、左旋柳、旱柳、垂柳、白柳、榆树等。

②灌木：江孜沙棘（*Hippophae rhamnoides* subsp. *gyantsensis*）、沙生槐、蔷薇、水柏枝、锦鸡儿等。

（3）造林密度

①乔木林：造林密度上限为每亩60株。

②灌木林：江孜沙棘、沙生槐、蔷薇等造林密度上限为每亩80株，水柏枝、锦鸡儿造林密度上限为每亩110株。

（4）整地方法

①整地时间：非沙土地可提前一年或雨季前整地。沙土地不可提前整地，要随整地随造林。

②整地方式：有坡度，可产生径流的地区，实施集雨整地，可采用水平沟、鱼鳞坑整地，带间距4m，采用宽行距、小株距造林。

（5）造林方法及季节

①直播造林：在立地条件较差、坡度较大、易引起水土流失的地块实施直播造林，用柠条等灌木树种，一般在雨季播种。

②植苗造林：在具备植苗造林条件的地块，结合封育补植封育目的树种。一般在春季造林，雨季造林要用容器苗造林。

本区域易发生冻拔害，不宜秋季造林。

（6）树种配置

土壤、水分条件较好的河川地区，乔、灌、草混交造林，可根据树种特性和立地条件块状、团状混交。

半干旱造林区是我国旱区造林条件相对较好的区域，四大沙地将是我国今后造林绿化的重点地区。半干旱区造林，只要采用适宜的造林树种、合理的造林密度、科学的造林方法，绝大部分地区在无灌溉条件下都能造林成功，且造林后只要加强管护和抚育管理，在雨养条件下都可成林。

半干旱造林区实施无灌溉造林，一定要采取集雨抗旱整地、蓄水保墒措施，由于降水年际间、季节间变化大，造林要避开干旱年份和干旱季节，在丰水年和丰水季节造林。

在树种选择和配置上，要以本地耐旱的乔木、灌木乡土树种为主，乔灌结合，大力营造混交林为主，立地条件较差的困难地(石质山阳坡、流动沙地)造林，以灌木为主，灌草结合。

参考文献

程积民. 黄土高原半干旱区造林技术的研究[J]. 水土保持学报, 1995, 9(4): 99 – 105.

戴国良, 董立军, 马宇. 浅谈科尔沁沙地飞播造林技术[J]. 内蒙古林业, 2013, (4): 21

冯建森, 邹佳辉, 张玉良. 甘肃马鬃山地区梭梭林分布特征及植被恢复技术初探[J]. 林业实用技术, 2013(9): 46 – 47.

李生宇, 唐清亮, 雷加强, 等. 新疆非常规水资源的生物防沙利用技术研究进展[C]. 第十届海峡两岸沙尘与环境治理学术研讨会(文集). 2013, 209 – 216.

刘欣华, 张春霞. 额济纳绿洲植被现状与保护[J]. 内蒙古林业调查设计, 2002, 25(4): 34 – 35.

麻保林. 榆林沙区飞播造林种草主要技术[J]. 陕西林业, 1998, (5): 32 – 33.

陶希东, 石培基, 巨天珍, 等. 西部干旱区水资源利用与生态环境重建研究[J]. 干旱区资源与环境, 2001, 15(1): 18 – 22.

田永祯, 司建华, 程业森, 等. 阿拉善沙区飞播造林试验研究初探[J]. 干旱区资源与环境, 2010, 24(7): 149 – 153.

吴普特, 朱德兰, 汪有科. 涌泉根灌技术研究与应用[J]. 排灌机械工程学, 2010, 28(4): 354 – 368.

张连翔, 孔繁轼, 王金贵, 等. 干旱半干旱地区抗旱保水造林关键技术[M]. 沈阳: 辽宁科学技术出版社, 2011.

赵松乔. 我国干旱(半干旱)地区的自然环境及其开发利用和改造途径[J]. 新疆地理, 1983, (2): 1 – 10.

郑度. 中国生态地理区域系统研究[M]. 北京: 商务印书馆, 1989.

附表　旱区造林类型区划结果

类型区 （3）	类型亚区 （11）	类型小区 （125）	所属省（自治区、直辖市）	代码
极干旱造林区（Ⅰ）	极干旱暖温带造林亚区（a）	极干旱暖温带疏勒河下游荒漠造林小区	甘肃	Ⅰ-a-1
		极干旱暖温带河西走廊北山造林小区	甘肃	Ⅰ-a-2
		极干旱暖温带吐哈盆地造林小区	新疆	Ⅰ-a-3
		极干旱暖温带塔里木盆地南部沙漠绿洲造林小区	新疆	Ⅰ-a-4
	极干旱中温带造林亚区（b）	极干旱中温带阿拉善高原西部荒漠造林小区	内蒙古	Ⅰ-b-1
		极干旱中温带弱水流域额济纳绿洲造林小区	内蒙古	Ⅰ-b-2
		极干旱中温带黑河下游荒漠造林小区	甘肃	Ⅰ-b-3
		极干旱中温带河西走廊北山造林小区	甘肃	Ⅰ-b-4
		极干旱中温带东疆淖毛湖造林小区	新疆	Ⅰ-b-5
	极干旱高原温带造林亚区（c）	极干旱高原温带阿克塞西部荒漠造林小区	甘肃	Ⅰ-c-1
		极干旱高原温带柴达木盆地西北风沙造林小区	青海	Ⅰ-c-2
		极干旱高原温带昆仑山阿尔金山造林小区	新疆	Ⅰ-c-3
干旱造林区（Ⅱ）	干旱暖温带造林亚区（a）	干旱暖温带塔里木盆地沙漠绿洲造林小区	新疆	Ⅱ-a-1
		干旱暖温带天山南坡山地丘陵造林小区	新疆	Ⅱ-a-2
	干旱中温带造林亚区（b）	干旱中温带乌兰察布高平原造林小区	内蒙古	Ⅱ-b-1
		干旱中温带内蒙古河套平原造林小区	内蒙古	Ⅱ-b-2
		干旱中温带阴山西段山地造林小区	内蒙古	Ⅱ-b-3
		干旱中温带鄂尔多斯高原造林小区	内蒙古	Ⅱ-b-4
		干旱中温带乌兰布和沙漠造林小区	内蒙古	Ⅱ-b-5
		干旱中温带贺兰山西麓山地造林小区	内蒙古	Ⅱ-b-6
		干旱中温带阿拉善高原东部荒漠造林小区	内蒙古	Ⅱ-b-7
		干旱中温带额济纳西部荒漠造林小区	内蒙古	Ⅱ-b-8
		干旱中温带河西走廊绿洲造林小区	甘肃	Ⅱ-b-9

（续）

类型区（3）	类型亚区（11）	类型小区（125）	所属省（自治区、直辖市）	代码
干旱造林区（Ⅱ）	干旱中温带造林亚区（b）	干旱中温带敦煌绿洲造林小区	甘肃	Ⅱ-b-10
		干旱中温带河西走廊北部荒漠造林小区	甘肃	Ⅱ-b-11
		干旱中温带宁夏河套平原造林小区	宁夏	Ⅱ-b-12
		干旱中温带宁夏贺兰山山地造林小区	宁夏	Ⅱ-b-13
		干旱中温带宁夏腾格里沙漠南缘造林小区	宁夏	Ⅱ-b-14
		干旱中温带宁夏毛乌素沙地造林小区	宁夏	Ⅱ-b-15
		干旱中温带哈密盆地造林小区	新疆	Ⅱ-b-16
		干旱中温带阿尔泰山山地丘陵造林小区	新疆	Ⅱ-b-17
		干旱中温带准噶尔东缘造林小区	新疆	Ⅱ-b-18
		干旱中温带准噶尔盆地中心造林小区	新疆	Ⅱ-b-19
		干旱中温带准噶尔盆地西缘山地丘陵造林小区	新疆	Ⅱ-b-20
	干旱高原温带造林亚区（c）	干旱高原温带狮泉河班公错造林小区	西藏	Ⅱ-c-1
		干旱高原温带象泉河孔雀河造林小区	西藏	Ⅱ-c-2
		干旱高原温带雅鲁藏布江上游造林小区	西藏	Ⅱ-c-3
		干旱高原温带甘肃祁连山西段荒漠造林小区	甘肃	Ⅱ-c-4
		干旱高原温带柴达木盆地中部风沙造林小区	青海	Ⅱ-c-5
		干旱高原温带昆仑山西段造林小区	新疆	Ⅱ-c-6
	干旱高原亚寒带造林亚区（d）	干旱高原亚寒带北羌塘造林小区	西藏	Ⅱ-d-1
		干旱高原亚寒带藏北昆仑高山造林小区	西藏	Ⅱ-d-2
		干旱高原亚寒带南羌塘大湖造林小区	西藏	Ⅱ-d-3
		干旱高原亚寒带青海昆仑山造林小区	青海	Ⅱ-d-4
		干旱高原亚寒带昆仑山南麓高平原造林小区	新疆	Ⅱ-d-5
		干旱高原亚寒库木库里盆地造林小区	新疆	Ⅱ-d-6
半干旱造林区（Ⅲ）	半干旱暖温带造林亚区（a）	半干旱暖温带京西北平原造林小区	北京	Ⅲ-a-1
		半干旱暖温带京西北山地造林小区	北京	Ⅲ-a-2
		半干旱暖温带天津滨海平原造林小区	天津	Ⅲ-a-3
		半干旱暖温带冀东滨海平原造林小区	河北	Ⅲ-a-4
		半干旱暖温带冀北山地造林小区	河北	Ⅲ-a-5
		半干旱暖温带冀西北黄土沟壑造林小区	河北	Ⅲ-a-6

（续）

类型区 （3）	类型亚区 （11）	类型小区 （125）	所属省（自治区、直辖市）	代码
半干旱造林区（Ⅲ）	半干旱暖温带造林亚区（a）	半干旱暖温带冀西山地造林小区	河北	Ⅲ－a－7
		半干旱暖温带冀中南低平原造林小区	河北	Ⅲ－a－8
		半干旱暖温带晋南盆地造林小区	山西	Ⅲ－a－9
		半干旱暖温带晋西黄土丘陵沟壑造林小区	山西	Ⅲ－a－10
		半干旱暖温带吕梁山南部山地造林小区	山西	Ⅲ－a－11
		半干旱暖温带太行山北段造林小区	山西	Ⅲ－a－12
		半干旱暖温带乡吉黄土沟壑造林小区	山西	Ⅲ－a－13
		半干旱暖温带忻太盆地造林小区	山西	Ⅲ－a－14
		半干旱暖温带中条山土石山造林小区	山西	Ⅲ－a－15
		半干旱暖温带晋东土石山造林小区	山西	Ⅲ－a－16
		半干旱暖温带吕梁山东侧黄土丘陵造林小区	山西	Ⅲ－a－17
		半干旱暖温带管涔山关帝山山地造林小区	山西	Ⅲ－a－18
		半干旱暖温带鲁北滨海盐碱土造林小区	山东	Ⅲ－a－19
		半干旱暖温带鲁北平原造林小区	山东	Ⅲ－a－20
		半干旱暖温带鲁中低山丘陵造林小区	山东	Ⅲ－a－21
		半干旱暖温带豫北平原造林小区	河南	Ⅲ－a－22
		半干旱暖温带豫北太行山造林小区	河南	Ⅲ－a－23
		半干旱暖温带渭北黄土高原沟壑造林小区	陕西	Ⅲ－a－24
		半干旱暖温带陕北黄土丘陵沟壑造林小区	陕西	Ⅲ－a－25
		半干旱暖温带渭河平原造林小区	陕西	Ⅲ－a－26
		半干旱暖温带陇东黄土丘陵沟壑造林小区	甘肃	Ⅲ－a－27
		半干旱暖温带陇中黄土丘陵沟壑造林小区	甘肃	Ⅲ－a－28
		半干旱暖温带青海黄河谷地造林小区	青海	Ⅲ－a－29
		半干旱暖温带盐同海山间丘陵平原造林小区	宁夏	Ⅲ－a－30
		半干旱暖温带宁南黄土丘陵沟壑造林小区	宁夏	Ⅲ－a－31
		半干旱暖温带六盘山土石山地造林小区	宁夏	Ⅲ－a－32
	半干旱中温带造林亚区（b）	半干旱中温带冀北山地造林小区	河北	Ⅲ－b－1
		半干旱中温带冀西北黄土沟壑造林小区	河北	Ⅲ－b－2
		半干旱中温带冀北坝上高原造林小区	河北	Ⅲ－b－3

（续）

类型区 （3）	类型亚区 （11）	类型小区 （125）	所属省（自治区、直辖市）	代码
半干旱造林区（Ⅲ）	半干旱中温带造林亚区（b）	半干旱中温带晋北盆地丘陵造林小区	山西	Ⅲ－b－4
		半干旱中温带大兴安岭东南部低山丘陵造林小区	内蒙古	Ⅲ－b－5
		半干旱中温带大兴安岭南部山地造林小区	内蒙古	Ⅲ－b－6
		半干旱中温带阴山东段山地造林小区	内蒙古	Ⅲ－b－7
		半干旱中温带呼伦贝尔高平原造林小区	内蒙古	Ⅲ－b－8
		半干旱中温带黄河上中游黄土丘陵造林小区	内蒙古	Ⅲ－b－9
		半干旱中温带浑善达克沙地造林小区	内蒙古	Ⅲ－b－10
		半干旱中温带科尔沁沙地造林小区	内蒙古	Ⅲ－b－11
		半干旱中温带内蒙古毛乌素沙地造林小区	内蒙古	Ⅲ－b－12
		半干旱中温带土默特平原造林小区	内蒙古	Ⅲ－b－13
		半干旱中温带锡林郭勒高平原造林小区	内蒙古	Ⅲ－b－14
		半干旱中温带阴山北麓丘陵造林小区	内蒙古	Ⅲ－b－15
		半干旱中温带燕山北麓山地黄土丘陵造林小区	内蒙古	Ⅲ－b－16
		半干旱中温带辽西北沙地造林小区	辽宁	Ⅲ－b－17
		半干旱中温带辽西北低山造林小区	辽宁	Ⅲ－b－18
		半干旱中温带辽西北丘陵造林小区	辽宁	Ⅲ－b－19
		半干旱中温带松辽风沙土造林小区	吉林	Ⅲ－b－20
		半干旱中温带松辽栗钙土造林小区	吉林	Ⅲ－b－21
		半干旱中温带松辽盐碱土造林小区	吉林	Ⅲ－b－22
		半干旱中温带洮南半山造林小区	吉林	Ⅲ－b－23
		半干旱中温带松嫩平原风沙造林小区	黑龙江	Ⅲ－b－24
		半干旱中温带松嫩平原盐碱土造林小区	黑龙江	Ⅲ－b－25
		半干旱中温带陕北毛乌素沙地造林小区	陕西	Ⅲ－b－26
		半干旱中温带宁夏毛乌素沙地造林小区	宁夏	Ⅲ－b－27
		半干旱中温带阿尔泰山地丘陵造林小区	新疆	Ⅲ－b－28
		半干旱中温带塔城盆地造林小区	新疆	Ⅲ－b－29
		半干旱中温带准噶尔盆地西缘造林小区	新疆	Ⅲ－b－30
		半干旱中温带西天山造林小区	新疆	Ⅲ－b－31
		半干旱中温带中天山造林小区	新疆	Ⅲ－b－32

（续）

类型区 （3）	类型亚区 （11）	类型小区 （125）	所属省（自治区、直辖市）	代码
半干旱 造林区 （Ⅲ）	半干旱高原 温带造林亚 区（c）	半干旱高原温带横断山川滇干旱河谷造林小区	四川、云南	Ⅲ－c－1
		半干旱高原温带藏南高原湖盆造林小区	西藏	Ⅲ－c－2
		半干旱高原温带雅鲁藏布江上游造林小区	西藏	Ⅲ－c－3
		半干旱高原温带雅鲁藏布江中游造林小区	西藏	Ⅲ－c－4
		半干旱高原温带祁连山南坡造林小区	甘肃	Ⅲ－c－5
		半干旱高原温带柴达木盆地东部风沙造林小区	青海	Ⅲ－c－6
		半干旱高原温带共和盆地风沙造林小区	青海	Ⅲ－c－7
		半干旱高原温带青海黄河流域造林小区	青海	Ⅲ－c－8
		半干旱高原温带湟水流域造林小区	青海	Ⅲ－c－9
		半干旱高原温带青藏高原东北边缘造林小区	青海	Ⅲ－c－10
		半干旱高原温带青海湖周边造林小区	青海	Ⅲ－c－11
	半干旱高原 亚寒带造林 亚区（d）	半干旱高原亚寒带北羌塘造林小区	西藏	Ⅲ－d－1
		半干旱高原亚寒带南羌塘大湖造林小区	西藏	Ⅲ－d－2
		半干旱高原亚寒带雅鲁藏布江中游造林小区	西藏	Ⅲ－d－3
		半干旱高原亚寒带青海江河源造林小区	青海	Ⅲ－d－4

图书在版编目(CIP)数据

旱区造林绿化技术指南／国家林业和草原局造林绿化管理司编著．—北京：中国林业出版社，2018.4

ISBN 978-7-5038-9546-3

Ⅰ.①旱… Ⅱ.①国… Ⅲ.①干旱地区造林—指南 Ⅳ.①S728.2-62

中国版本图书馆 CIP 数据核字(2018)第 082658 号

审图号：GS(2017)1384 号

中国林业出版社·生态保护出版中心

责任编辑：李　敏

出版咨询：(010)83143575

出版：中国林业出版社(100009 北京西城区德内大街刘海胡同 7 号)

　　　http：//lycb. forestry. gov. cn

印刷：固安县京平诚乾印刷有限公司

发行：中国林业出版社

版次：2018 年 4 月第 1 版

印次：2018 年 4 月第 1 次

开本：710mm×1000mm　1/16

印张：6. 25

字数：111 千字

定价：42. 00 元